MANUEL

DU

POÊLIER-FUMISTE,

OU

TRAITÉ COMPLET

ET SIMPLIFIÉ DE CET ART,

INDIQUANT LES MOYENS D'EMPÊCHER LES CHEMINÉES DE
FUMER, DE CHAUFFER ÉCONOMIQUEMENT, ET D'AÉRER LES
HABITATIONS, LES ATELIERS, LES MANUFACTURES, ETC. ;

PAR M. PH. ARDENNI,

Caminologiste et Poêlier-fumiste.

Ouvrage orné de Planches.

Si l'on eût proposé un prix pour être chauffé
le plus mal possible en dépensant le plus,
l'inventeur des cheminées eût certainement
mérité la couronne. FRANKLIN.

PARIS,

RORET, LIBRAIRE, RUE HAUTEFEUILLE,
AU COIN DE CELLE DU BATTOIR.

1828.

EXPLICATION

Bouches de chaleur. Ouvertures pratiquées pour donner issue à l'écoulement de l'air chaud dans un appartement.

Calorifère, de *calor*, chaleur, et *ferre*, porter. On donne ce nom à des appareils de chauffage, appliqués en général à échauffer de grands ateliers, des magasins, des étuves, des séchoirs, etc., ou une suite de salles dans lesquelles on veut éviter d'avoir un grand nombre de foyers.

Caminologie (du grec καμινος, cheminée, et *logos*, science), science des cheminées.

Dévoiement. Changement de direction qu'on fait suivre à un tuyau de cheminée, c'est-à-dire qu'après l'avoir monté verticalement, on le dirige obliquement à droite ou à gauche.

Fuligineux, de *fuligo*, suie, se dit des gaz colorés, dégagés par la combustion, et qui contiennent une certaine quantité de suie.

Fumifuge, de *fumus*, fumée, et de *pheugó*, je chasse, qui chasse la fumée.

Fumivore, de *fumus*, fumée, et *vorare*, dévorer. On donne ce nom aux appareils de chauffage dont la disposition particulière a pour objet d'achever la combustion des parties combustibles qui s'échappent avec la fumée.

I

Fissure, de *fissura*, fente.

Languette. Les fumistes appellent ainsi une cloison en plâtre qu'ils placent dans l'intérieur du tuyau d'une cheminée, pour y former un conduit destiné à amener l'air extérieur dans le voisinage du foyer. Le canal qui résulte de cette disposition, est appelé ventouse. Voyez ce mot et l'article *Vices de construction des cheminées*.

Mitre. Une mitre est composée ordinairement de deux planches, en plâtre, inclinées, qui forment une espèce de toit, ou de quatre de ces planches assemblées en forme de trémie renversée; les unes et les autres se placent sur le sommet des tuyaux des cheminées en les fixant avec du plâtre.

Unité. L'unité dont il est question dans ce Manuel, est la quantité de chaleur capable d'élever d'un degré centigrade la température d'un kilogramme d'eau.

Ventouse. Ouverture pratiquée pour livrer passage à l'air extérieur, ou à de l'air à une température plus basse que celle du lieu échauffé.

$=$ . . . . . Égale.
$\times$ . . . . . Multiplié par
$-$ . . . . . Moins.
$+$ . . . . . Plus.
: . . . . . Est à.
:: . . . . . Comme.
$\vee$ . . . . . Racine carrée.

$\frac{5}{12}$ divisé par. . . . ainsi, dans cet exemple, cela signifie 5 divisé par 12.

AVANT-PROPOS.

Il nous reste peu de traces, peu de données positives sur la manière dont les anciens se chauffaient. Toutefois, il y a lieu de croire qu'ils allumaient un grand feu au milieu d'une pièce, dont le comble était ouvert pour laisser échapper la fumée; que souvent de simples brasiers portatifs étaient placés dans les salles de réunion pour les échauffer. Les anciens monumens ne présentent aucun indice de cheminées, et c'est au temps de Sénèque que semble en remonter l'invention. Dans *l'Epît.* 70, ce philosophe dit : « Que de « son temps on inventa de certains tuyaux « qu'on mettait dans les murailles, afin « que la fumée du feu que l'on allumait « aux bas étages des maisons, passant par « ces tuyaux, échauffât les chambres jus- « qu'au plus haut étage. »

Les cheminées alors se composaient

d'un foyer ouvert de tous côtés, placé près d'un mur, et d'une hotte en forme d'entonnoir établie immédiatement au-dessus pour recevoir et diriger la fumée dans le tuyau qui la conduisait au dehors.

Depuis le commencement du quinzième siècle, les foyers ont été entourés et placés dans des enfoncemens, ce qui a fait perdre une portion considérable de la chaleur rayonnante.

Cette amélioration laissa subsister de graves inconvéniens : d'une part, il se dégageait peu de chaleur de ces foyers; de l'autre, la fumée s'échappant par l'ouverture trop considérable du devant, incommodait et rendait souvent insupportable le séjour des appartemens. Ces inconvéniens déterminèrent des savans, des physiciens, à s'occuper des moyens d'y remédier. On vit successivement paraître les observations d'Alberty Léon, dans le quinzième siècle; celles de Cardan, de Philibert Delorme, de Serlio et de Savot dans le seizième siècle.

Pour profiter des deux avantages que présentaient séparément le foyer adossé au mur et le foyer placé au milieu des salles, et pour les combiner ensemble, on imagina les poêles, lesquels pouvant être placés dans toutes les parties de l'appartement, et dégageant la chaleur de toutes les parties de leur surface, peuvent être disposés de manière à obliger la fumée de suivre la direction d'un tuyau, et à empêcher qu'elle ne se répande dans l'intérieur de l'habitation. Ce fut alors que parut, en 1619, le premier ouvrage sur les poêles, intitulé *Epargne du bois*, par Lestard, qui proposa d'établir dans ces appareils de chauffage jusqu'à huit chambres les unes au-dessus des autres, dans lesquelles la fumée devait passer avant d'arriver dans le tuyau.

Un conduit, placé sous l'âtre, et communiquant avec l'extérieur, amenait l'air pour activer la combustion; une autre ouverture était destinée à faciliter le renouvellement de l'air de la chambre.

En 1686, Dalesme fit la découverte

d'un poêle dans lequel la fumée est obligée de descendre dans le brasier, et de s'y convertir en flamme; cette découverte donna naissance aux *alendiers* (1), et aux foyers *fumivores*.

En 1713, Gauger donna, dans sa *Mécanique du feu*, le système le plus complet de vues et d'expériences sur le chauffage et la ventilation. Cet ouvrage contient une foule d'inventions ingénieuses, qui, de nos jours ont été présentées comme nouvelles.

En 1745, Franklin fit connaître ce qu'il appela les nouveaux chauffoirs de Pensylvanie.

En 1756, parut la *Caminologie* de don Ebrard, ou *Traité sur les Cheminées*.

En 1763, Montalembert publia des observations sur les poêles russes.

En 1767, le comte C.-J. de Cronstedt écrivit également sur le chauffage. Vers la

---

(1) Grilles de fer sur lesquelles on étend le combustible dans les grands fourneaux.

fin du siècle dernier, et au commencement de celui-ci, parurent le manuscrit de Clavelin, les Mémoires du comte de Rumford, de Guiton-Morveau et de plusieurs autres savans. Enfin, depuis vingt ans la consommation du bois (1) s'étant accrue dans une progression qui faisait craindre pour les générations à venir, la pénurie, et même le manque absolu de ce combustible, beaucoup d'inventions pyrotechniques ont eu lieu; elles ont passé successivement, mais leur existence, pour la plupart du moins, a été si éphémère que sans les recueils périodiques qui en ont fait mention elles seraient aujourd'hui ignorées et l'on aurait moins à s'étonner qu'un

---

(1) La rareté de plus en plus sentie du bois de chauffage vient de déterminer le conseil général du département de la Marne à voter une somme de 3,000 f. pour la recherche de houillères nouvelles. (*Gazette de France* du 23 septembre 1827.)

La consommation du bois, à Paris, s'est élevée jusqu'à 749,007 voies dans une année, et cela indépendamment de l'emploi du charbon de terre et de la tourbe.

aussi grand nombre de tentatives aient été
faites pour laisser les choses au point où
elles sont. Afin de donner une idée de
ce qui s'est fait à cet égard, nous joindrons
à la fin de ce Manuel la liste des inventions,
perfectionnemens et importations mention-
nées dans le Bulletin de la Société d'Encouragement; le Repertory, la Bibliothéque britannique, etc.

MANUEL

DU

POÊLIER-FUMISTE.

CHAPITRE PREMIER.

De la Chaleur ou du Calorique. — Dilatation des corps par la Chaleur. — Des moyens de mesurer la Chaleur, ou des Thermomètres. — De la Chaleur spécifique. — Équilibre de la Chaleur au contact. — De la transmission de la Chaleur. — De la Combustion.

ARTICLE PREMIER.

De la Chaleur ou du Calorique.

ON appelle *chaleur* la sensation que l'on éprouve lorsqu'on s'approche du feu ou d'un corps chaud quelconque, et *calorique* la cause de cette sensation ; mais pour l'objet qui nous occupe, cette distinction n'est pas utile à faire, et nous confondrons sous une

même acception les mots chaleur et calorique.

Le calorique est un fluide invisible dont
les molécules sont constamment animées
d'une force répulsive qui tend à les disper-
ser dans l'espace ; comme la lumière, il se
propage en ligne droite , et lorsqu'il est
placé dans un lieu où il peut s'élancer librement , il se dirige dans tous les sens ; on le
nomme alors *calorique rayonnant ;* tel est le
calorique qui s'échappe d'un foyer embrasé ,
d'un morceau de métal chauffé, d'un liquide
bouillant , etc., jusqu'à ce que la surface
de quelque corps vienne en interrompre la
marche.

Lorsque les rayons de calorique rencontrent obliquement une surface qui est lisse,
polie ou brillante , ils se brisent, et prennent une nouvelle direction qui fait, avec
cette surface, un angle égal à celui sous lequel
ils sont venus : on a donné à cette espèce de
déviation le nom de *réflexion.* Ainsi , lorsqu'un rayon de calorique A B, qu'on appelle rayon *incident* (*fig.* 1, *Pl. I*), rencontre une surface polie C D, sous un angle
A B C, qu'on appelle *angle d'incidence ,* il

est réfléchi sous un angle D B E , qui est égal au premier , et qu'on nomme *angle de réflexion.*

Cette propriété du calorique est importante à connaître pour déterminer la forme la plus avantageuse à donner aux foyers des cheminées , ainsi que nous le verrons dans la suite.

Pour démontrer le rayonnement de la chaleur et sa réflexion sur les surfaces brillantes , on dispose à 4 mètres (12 pieds) de distance, deux miroirs concaves de fer étamé ; on place , au foyer de l'un des miroirs , un boulet de fer chauffé jusqu'au rouge obscur, et un thermomètre au foyer de l'autre ; au bout de quelques minutes le thermomètre s'élève à la température du boulet. On pose ensuite la main sur le dos du miroir qui concentre les rayons, on le trouve froid ; ainsi donc , les surfaces polies et brillantes réfléchissent presque tous les rayons de calorique et s'échauffent à peine.

Au contraire , les surfaces ternes et dépolies , ou qui sont enduites d'une couche noire, les absorbent presque tous et s'échauffent par conséquent beaucoup plus, ce que prouve l'expérience suivante : on rapproche les deux miroirs à une distance de 2 mètres (6 pieds), et l'on substitue au boulet une capsule de verre remplie d'eau bouillante ; un thermomètre a été placé au foyer de l'autre miroir ; on a suspendu au milieu de la distance qui séparait les deux miroirs, une glace de verre ordinaire, dont une des surfaces avait été noircie ; on a présenté le côté poli de la glace vers le vase contenant l'eau bouillante, le thermomètre indiqua 3 degrés ; mais lorsqu'on tourna le côté noirci en regard de l'eau, il s'éleva jusqu'à 9 degrés.

La propriété qu'ont les corps d'émettre la chaleur suit les mêmes lois ; ainsi un corps recouvert d'une couche de noir de fumée, qui absorbe beaucoup de calorique rayonnant et s'échauffe promptement, dépense très rapidement sa chaleur acquise : au contraire, une surface métallique blanche et bien polie, qui ne perd que lentement sa chaleur, réfléchit presque toute celle que lui transmet le rayonnement, et ne s'é-

chauffe que difficilement ; ce que confirment
encore les expériences suivantes : Qu'on rem-
plisse d'eau bouillante un globe de fer étamé,
et qu'on observe le temps nécessaire à un
refroidissement partiel de quelques degrés ;
qu'ensuite on couvre la surface extérieure
du globe avec du noir de fumée, on trouvera que pour arriver au même degré de
refroidissement il ne faut que la moitié du
temps observé d'abord :

M. Leslie est arrivé au même résultat à
l'aide d'un appareil très simple ; un vase
cubique de fer-blanc avait chacune de ses
faces latérales couverte de matières différentes, l'une était seulement noircie, une
autre était recouverte de papier blanc, une
troisième présentait à l'extérieur une surface de verre à vitre, enfin la quatrième
conservait le brillant du fer-blanc ; après
avoir rempli ce vase d'eau bouillante, il mit
successivement chacun de ses côtés en regard
avec un miroir concave, en tenant un thermomètre fixé au foyer de ce miroir, afin
d'observer son élévation qu'il reconnut être
plus considérable pour la surface noire que
pour les trois autres, et progressivement

décroissante pour celle-ci, dans l'ordre qui suit : surfaces en papier, en verre et en fer-blanc.

Le même physicien a constaté, par une suite d'expériences, le pouvoir rayonnant et le pouvoir réflecteur de plusieurs substances, entre autres les suivantes :

Rayonnement.

Noir de fumée.	100
Eau.	100.
Papier à écrire.	98
Glace à zéro.	85
Mercure.	20
Plomb brillant.	19
Fer poli.	15
Etain, argent, cuivre, or.	12

Ainsi, les surfaces polies rayonnent ou dégagent huit fois moins de calorique que celles qui sont noires.

Réflexion.

Cuivre jaune.	100
Argent.	90
Etain en feuille.	80
Acier.	70

Plomb. 60
Etain mouillé de mercure. . 10
Verre. 10
Verre huilé. 5

Ici l'on voit que le cuivre jaune est la substance qui réfléchit le plus abondamment le calorique.

Dans la construction des appareils de chauffage, et dans l'économie domestique, on a une foule d'occasions d'appliquer les principes que nous venons d'énoncer ; par exemple, lorsqu'on désire conserver la chaleur d'un liquide renfermé dans un vase de métal, sa surface doit être polie et brillante.

Si l'on place sur des charbons ardens une bouilloire de métal poli, le liquide qu'elle contiendra s'échauffera bien moins vite que si l'on avait enduit sa surface de noir de fumée, en l'exposant au-dessus de la flamme d'une lampe ou d'une chandelle allumée. Le tuyau en cuivre d'un poêle donnera beaucoup plus de chaleur s'il est noir que s'il a son brillant métallique. Un poêle de couleur terne répandra plus de chaleur qu'un poêle à surfaces lisses et brillantes.

ARTICLE II.

Dilatation des Corps par la Chaleur.

Quand la chaleur n'est pas réfléchie par les corps, elle les pénètre ; la *dilatation* (1) ou augmentation de volume en est l'effet le plus constant.

Lorsque l'accumulation de calorique a lieu d'une manière continue dans le fer, le cuivre, le plomb, etc., ces corps, en augmentant de volume, se *fondent*, c'est-à-dire, passent à l'état liquide. Leur *contraction* ou *retrait* est produit par le refroidissement.

La dilatation des liquides par l'action du calorique est beaucoup plus considérable que celle des solides ; elle a pour effet de les changer en vapeur, et de les faire passer à l'état *gazeux*, forme sous laquelle ils occupent un espace beaucoup plus considérable.

Les expériences ci-après démontrent les variations des dimensions des solides par

---

(1) La dilatation prend le nom de *raréfaction* lorsqu'on parle des fluides et particulièrement des gaz ; ainsi l'on dit que la chaleur raréfie l'air, la fumée, etc.

l'effet de la chaleur, et leur contraction par le froid.

On prend une barre de fer dont la longueur a été exactement mesurée, on la fait rougir, et son allongement est très appréciable ; par le refroidissement la barre reprend sa première longueur.

Lorsqu'on doit placer un cercle de fer à une roue de voiture, on le fait plus petit que la circonférence de la roue ; mais en le chauffant jusqu'au rouge il se dilate assez pour que l'on puisse en envelopper la roue ; par le refroidissement le contraire a lieu et lui fait reprendre ses premières dimensions.

L'accumulation ou la soustraction subite du calorique occasione la rupture des vases de verre, de faïence, de terre ou de fer coulé. En effet, lorsque la chaleur est appliquée ou soustraite subitement, la partie du vase qui reçoit l'accumulation ou qui éprouve la soustraction de calorique, se dilate ou se contracte, tandis que les autres parties ne le font pas, et le vase se brise.

C'est l'accumulation trop prompte de calorique qui est la cause de la rupture des ta-

blettes en marbre et en faïence, des poêles,
ce qui arrive fréquemment, surtout lorsqu'elles sont en contact avec le tuyau qui
conduit la fumée.

La dilatation des liquides peut s'observer
dans l'expérience suivante : que l'on prenne
un tube de verre terminé par une boule,
qu'on introduise dans la tige une certaine
quantité d'*esprit-de-vin* ou *alcool*, en plon-
geant la boule du tube dans l'eau chaude
le liquide s'élevera d'une manière très sensible.

Qu'on soumette à la même épreuve un
semblable tube rempli de *mercure* ou *vif-ar-
gent,* on remarquera que l'action du calorique sur l'alcool et le mercure est telle que la
dilatation est très marquée sur le tube quand
on lui communique la chaleur de la main.
C'est sur la dilatation de ces deux liquides
qu'est fondée la construction des thermomètres dont nous allons parler.

ARTICLE III.

Des moyens de mesurer la Chaleur.

La propriété qu'ont les liquides de se dila-
ter par l'effet de la chaleur, a fait imaginer

un instrument très simple et très exact pour
apprécier les diverses énergies du calorique ;
on lui a donné le nom de *thermomètre*,
c'est-à-dire, *mesureur de la chaleur;* le thermomètre consiste dans un tube de verre
fermé, terminé à sa partie inférieure par
une boule, et renfermant ordinairement ou
de l'esprit-de-vin coloré, ou du mercure ;
ce tube est fixé sur une petite planche qui
porte une échelle divisée en parties égales,
appelées *degrés.* Les points-fixes de l'échelle
indiquent la température de la glace fondante et de l'eau bouillante. Les nombres qui
désignent ces points sont arbitraires et va-
rient dans les différens thermomètres, ainsi
qu'on va l'expliquer.

Pour déterminer la position du point inférieur, on plonge le tube dans de la neige
ou de l'eau congelée, et le point où s'arrête
le liquide dans le tube est la position de ce
point. Pour déterminer la position de l'autre,
on plonge le tube dans de l'eau bouillante,
et la hauteur à laquelle se fixe le liquide est
le point supérieur.

Du Thermomètre de Réaumur.

Le thermomètre de Réaumur est le plus en usage en France; sur ce thermomètre, le point marqué *zéro* indique l'abaissement du liquide à la température de la glace fondante; le point coté 80, indique la chaleur de l'eau à l'état d'ébullition. L'espace compris entre ces deux points est divisé en 80 parties égales, qui sont répétées un certain nombre de fois au-dessus de 80 et au-dessous de zéro, pour l'appréciation des températures plus élevées que celle de l'eau bouillante, et plus basses que celle de l'eau, au moment de la glace fondante.

Du Thermomètre centigrade ou de Celsius.

Ce thermomètre, usité en France et en Suède, comprend, du point de congélation à celui de l'eau bouillante, 100 parties égales.

Du Thermomètre de Fahrenheit.

Cet instrument est généralement en usage en Angleterre; le point de son échelle qui indique la glace est coté 32, et le point de l'ébullition, de l'eau 212. Une erreur du physicien est cause qu'il a placé à 32 degrés.

au-dessous de la glace le zéro de son thermomètre; il crut qu'un mélange de sel et de
neige avait produit le plus grand froid possible, et il l'indiqua par le zéro de son échelle.

En comparant les échelles des thermomètres de Fahrenheit et de Réaumur, on
voit que chaque degré de celui-ci équivaut
à peu près à 2 un quart de Fahrenheit.

ARTICLE IV.

De la Chaleur spécifique.

On entend par calorique spécifique (1), la
portion de calorique dégagée ou absorbée
par les corps pour passer d'une température
donnée à une autre température, sans changer d'état. On prend ordinairement l'eau
liquide pour l'unité à laquelle on rapporte
tous les autres corps.

Lorsque l'on mêle ensemble deux parties
égales en poids d'un même liquide, à deux
températures différentes, il résulte du mélange une température nouvelle, qui est
égale à la moitié de la somme des deux tem-

(1) *Dictionnaire de Physique*, tome ii, page 193.

pératures ; mais si l'on mêle ensemble deux masses égales, ou même deux volumes égaux de deux liquides différens, la température résultante du mélange est au-dessus ou au-dessous de la température moyenne, selon la nature de la substance qui avait la température la plus élevée. Ainsi une livre d'eau, à 60 degrés, et une livre d'eau à zéro de degré, donnent, après le mélange, la température moyenne de 30 degrés, mêlée ; tandis qu'une livre d'huile de baleine, à 60 degrés, mêlée à une livre d'eau à zéro de degré, donne 20 degrés. Dans la première expérience, l'eau à 60 degrés a perdu 30 degrés, et l'eau à zéro a acquis 30 degrés ; ainsi, l'un a gagné autant que l'autre a perdu. Dans la seconde expérience, l'huile de baleine a perdu 40 degrés de chaleur ; l'eau n'en a acquis que 20, l'eau n'a donc acquis que la moitié de la température perdue par l'huile, ce qui prouve que l'huile de baleine n'exige que la moitié du calorique que l'eau absorbe, pour s'élever d'un même nombre de degrés.

Lorsqu'on veut évaluer une grandeur quelconque, on choisit une quantité de même nature, à laquelle on compare toutes les autres; cette quantité est ce qu'on appelle *l'unité.* On a pris pour unité de chaleur la quantité de calorique nécessaire pour élever de 1 degré la température d'un kilogramme d'eau; ainsi l'on dit qu'il faut, pour élever 50 kilogrammes d'eau de 40 à 50 degrés, $10 \times 50 = 500$ unités.

ARTICLE V.

Équilibre de la Chaleur au contact.

Le calorique a une tendance continuelle à amener à la même température les corps qui l'environnent; ainsi, lorsqu'on place plusieurs corps de températures inégales de manière à ce qu'ils se touchent entre eux, en peu de temps ils parviennent au même degré de chaleur; par exemple, un corps à une température de 40 degrés, un autre à celle de 80 degrés, et un troisième à celle de 120 degrés, placés dans un espace dont la température est à 70 degrés, seront bientôt amenés à cette température, c'est-à-dire que le corps dont la température était de 40 degrés, sera élevé à celle de 70 degrés, et les deux autres réduite à cette dernière température; c'est là ce qu'on entend par *équilibre*. Prenons un exemple dans le sujet qui nous occupe : un feu allumé dans une cheminée communique sa chaleur aux corps qui en sont le plus rapprochés, ceux-ci la transmettent à leur tour aux corps avec lesquels ils sont en contact, et ainsi de suite, jusqu'à ce que toutes les parties de la chambre soient portées à la même température.

ARTICLE VI.

De la transmission de la Chaleur.

Tous les corps possèdent, à un degré différent, la propriété de recevoir et de transmettre la chaleur ; ceux qui la reçoivent et la transmettent avec le plus de facilité ont été appelés *bons conducteurs du calorique.* D'après les expériences récentes de M. Despretz, les métaux doivent être rangés dans l'ordre suivant pour leur faculté conductrice de la chaleur : 1°. l'argent ; 2°. l'or ; 3°. le cuivre ; 4°. le platine ; 5°. le fer ; 6°. le zinc ; 7°. l'étain ; 8°. l'acier ; 9°. enfin le plomb.

Les corps nommés *mauvais conducteurs*, sont ceux que la chaleur ne pénètre que difficilement, tels que les pierres, la faïence, la terre à poterie, les briques et surtout les liquides qui conduisent la chaleur moins bien qu'aucun des métaux. Le charbon, le bois sec, le verre et les résines doivent être placés au dernier rang. En effet, on peut, sans craindre de se brûler, faire consumer à la main presque entièrement un morceau de bois, et enflammer un morceau de cire à cacheter, ou enfin faire fondre un tube de verre, tandis que la même expérience sur une barre de métal occasionerait une forte brûlure. C'est par cette raison qu'on garnit en bois les manches de certains outils et les manches des vases métalliques qu'on expose au feu, parce qu'on se préserve ainsi du contact avec le métal chaud.

Les tissus de laine, de soie, de coton, et les fourrures, sont portés en hiver parce qu'ils sont mauvais conducteurs, concentrent la chaleur et l'empêchent de s'échapper dans l'air ; c'est ce qu'on entend ordinairement en disant qu'ils garantissent mieux du froid que d'autres vêtemens.

3

ARTICLE VII.

De la Combustion.

D'après Lavoisier, la combustion consiste dans l'union du corps combustible avec l'oxigène que fournit l'air atmosphérique (1); dans toute combustion il y a décomposition d'une certaine quantité d'air, et dégagement de calorique et de lumière. Dans le le langage vulgaire, *feu* et *combustion* sont presque synonymes.

Lorsqu'une combustion s'opère, il faut, pour l'alimenter, indépendamment du combustible, que l'air atmosphérique ou l'oxigène qu'il contient soit en proportion suffisante, et que la température de la combustion se soutienne sans abaissement; ainsi, des charbons isolés et souvent même réunis, s'éteignent si les corps avec lesquels ils sont en contact ou qui les environnent absorbent rapidement la chaleur; ils s'éteindront également si l'air n'a pas d'accès là où ils sont placés.

---

(1) L'air contient en volume 21 parties d'oxigène et 79 d'azote, et pèse, à 0 degré, 1kil.,299 le mètre cube.

Les soufflets dont on se sert pour augmenter l'activité de la combustion font arriver, dans le même temps, une plus grande quantité d'air, et par conséquent d'oxigène, qui se combine avec le combustible et accélère la combustion.

On distingue deux produits dans les résultats d'une combustion du genre de celle qui s'opère avec les combustibles employés dans les besoins domestiques : l'un, qui se compose du résidu de la combustion et qui est fixé sous forme de *cendres ;* l'autre, qui se volatilise et qu'on appelle *fumée.* Celle-ci contient aussi une partie du résidu échappé à la combustion, et qui est enlevé par la force du courant gazeux et l'accès de l'air atmosphérique.

Il est possible de disposer le lieu où se fait la combustion, de telle sorte qu'un courant d'air passant près du combustible procure une quantité d'oxigène si bien proportionnée qu'aucune partie essentielle n'échappe à la combustion ; et alors il n'y aura aucune fumée produite ; c'est ce qui a lieu dans les lampes actuelles, où le passage de l'air nécessaire à une parfaite combustion est si

bien ménagé que l'huile brûle complète-
ment sans qu'il y ait aucune apparence de
fumée.

D'après un grand nombre d'expériences,
on a trouvé que 1 kilogramme de charbon
supposé pur, qu'on appelle *carbone*, absorbe par sa combustion 2$^{kilog.}$,659 d'oxigène;
celui-ci n'étant que les 21 centièmes de l'air
atmosphérique, il résulte qu'il faut $\frac{100}{21} \times$
2,659 ou 12$^{kilog.}$,66 d'air atmosphérique pour
fournir les 2$^{kilog.}$,659 d'oxigène. Ces 12$^{kilog.}$,66
d'air atmosphérique occupent un volume
de $\frac{1266}{1299}$ (1) $= 9^{me.}$,746; et à 10$^{deg.}$,9,746 $+$
$\frac{10}{267}$ (2) 9,746 $= 10^{me.}$,11, qui est la quantité
d'air absolument nécessaire pour brûler 1 kil.
de charbon; mais, dans la pratique, il convient d'augmenter cette quantité, parce
que les molécules d'air qui traversent un
foyer ne sont pas toutes mises en contact
avec le combustible; et pour ne pas être
au-dessous de la réalité, on compte 20 mètres cubes pour brûler 1 kilog. de charbon.

----

(1) Poids d'un mètre cube d'air à 0 degré.

(2) La dilatation de l'air pour chaque degré centigrade est de 0,00375, ou $\frac{1}{267}$ de son volume.

CHAPITRE II.

Causes de l'ascension de la fumée. — Du mouvement de l'air dans les tuyaux de cheminées. — Détermination de la vitesse du tirage dans les tuyaux de cheminées. — Du renouvellement de l'air nécessaire à la combustion. — De la Ventilation.

ARTICLE PREMIER.

Causes de l'ascension de la Fumée.

La fumée d'un feu allumé en plein air s'élève rapidement, parce que la chaleur du foyer, en la raréfiant, la rend *spécifiquement*(1) plus légère que l'air; elle est, à l'égard de l'atmosphère, ce qu'est à l'égard de l'eau un morceau de liége, qui, plongé à une certaine profondeur dans cette eau et abandonné ensuite à lui-même, remonte à la surface. C'est aussi pour cette raison que les ballons s'élèvent dans l'atmosphère. Pour rendre cet effet sensible, Rumfort a dit : « Si

_____

(1) C'est-à-dire que de deux volumes égaux, l'un d'air atmosphérique, l'autre de fumée, celui-ci pesera beaucoup moins.

l'on mêle de petites balles ou du gros plomb
à giboyer avec des pois, et qu'on secoue le
tout dans un boisseau, le plomb se séparera,
il se logera au fond du vase et forcera, par
sa plus grande pesanteur, les pois à se mouvoir de *bas en haut* contre leur tendance
naturelle, et à occuper la partie supérieure
du mélange.

« Si l'on met dans un vase de l'eau et de
l'huile, et qu'on les mêle bien ensemble,
aussitôt qu'on aura cessé d'agiter ce mélange, l'eau, comme le plus pesant des deux
liquides, descendra au fond du vase, et
l'huile, chassée de sa place par l'excès du
poids de l'eau, s'élevera et finira par sur-
nager tout entière à la surface de ce liquide.

« Si l'on plonge dans l'eau une bouteille
pleine d'huile, ouverte par le haut, l'huile
s'élevera hors de la bouteille, et, traversant
l'eau sous la forme d'un filet continu, elle
s'étendra sur sa surface.

« Il en arrivera de même toutes les fois
que deux fluides de *densités* différentes, c'est-
à-dire, dont le poids, à volume égal, est
différent, ce qu'on appelle aussi *pesanteur*

spécifique, seront en contact ou mêlés ensemble; le plus léger sera soulevé de bas en haut par la tendance du plus pesant à descendre. »

Si l'on met en contact deux quantités d'un même fluide à des températures différentes, celle qui sera la plus chaude ou la plus raréfiée, étant spécifiquement plus légère que la portion froide, occupera la surface supérieure du mélange. Que l'on place une bouteille d'eau chaude colorée au fond d'un vase plein d'eau froide, l'eau chaude s'élevera à la surface et sera remplacée dans la bouteille par l'eau froide. C'est encore ainsi que l'air froid d'un appartement occupe toujours la partie inférieure, et l'air chaud la partie voisine du plafond.

La différence de pesanteur spécifique de l'air et de la fumée est donc une des principales causes de son ascension; mais, dans les cheminées, une seconde cause vient se joindre à la première et augmenter la rapidité du mouvement ascensionnel.

L'air du canal ou tuyau d'une cheminée est ordinairement plus chaud, plus raréfié, et par conséquent moins pesant que l'air extérieur; la colonne d'air qui est dans la cheminée est poussée de bas en haut par la colonne de même hauteur, mais plus pesante, qui est hors de l'appartement, ce qui détermine un courant ascendant dont la rapidité est proportionnelle à la différence de pesanteur de ces deux colonnes; ce courant entraîne la fumée déjà en mouvement, et lui ajoute une nouvelle vitesse.

Ces deux causes de l'ascension de la fumée ne sont pas constantes, et n'agissent pas toujours dans le même sens. Ainsi, à mesure que la fumée s'éloigne du foyer, elle perd de sa chaleur; sa pesanteur spécifique augmente, et peut même devenir plus grande que celle de l'air environnant; alors la fumée descendra dans l'air, s'il est en repos. On voit par là que, sous le rapport de cette première cause, la hauteur de la cheminée a des bornes.

La seconde cause est aussi variable, car la vitesse du courant dépend en même temps de la différence de température entre les deux colonnes d'air et de leur hauteur, d'où l'on conclut que, sous le seul rapport de la vitesse du courant, la hauteur de la cheminée ne devrait pas avoir de limites.

Par la combinaison des causes ascension-
nelles, on explique pourquoi la fumée, en
général, monte plus vite la nuit que le jour,
l'hiver que l'été, quand le feu est en pleine
activité que quand on l'allume, dans les
appartemens bas que dans ceux élevés; pourquoi enfin elle descend souvent dans l'appartement, à midi, pendant l'été, etc.

. Nous verrons dans la suite quelles sont
les causes accidentelles ou particulières qui
modifient les deux causes générales ci-dessus
énoncées, et contrarient ou favorisent l'ascension de la fumée.

ARTICLE II.

Du mouvement de l'air dans les tuyaux de Cheminées.

Les tuyaux de cheminées placés au-dessus
des foyers sont destinés à recueillir les gaz produits par la combustion, et à leur procurer
les moyens de s'échapper sans se répandre
dans la pièce que l'on échauffe. Pour que la
fumée et les autres produits se dirigent dans
ces conduits, il faut qu'il s'y établisse naturellement un courant ascendant qui force
une partie de l'air de la chambre à se porter
vers l'ouverture du tuyau, et à s'échapper

avec la fumée. Nous allons d'abord examiner comment le courant peut être établi. (1)

Un foyer de cheminée surmonté d'un tuyau a, par cette addition, deux commucations avec l'air extérieur ; l'une par les fissures de l'appartement, l'autre par l'ouverture supérieure du tuyau de la cheminée. Si l'on imagine un plan horizontal AB (*fig.* 2, *Pl. I*), passant par le sommet du tuyau de la cheminée, il déterminera la hauteur de deux colonnes d'air ; l'une, BD, dans l'intérieur du tuyau, et l'autre, AC, placée à l'extérieur du bâtiment ; un second plus horizontal, CD, mené par le point où se fait la combustion, déterminera la hauteur de ces deux colonnes qui sont évidemment égales en hauteur. Il résulte des lois de la statique des fluides, que deux colonnes de même hauteur et de même densité se font équilibre ; mais que, si l'une d'elles est plus dense que l'autre, l'équilibre sera rompu, et celle qui aura plus de densité soulevera l'autre.

---

(1) Extrait des observations contenues dans le Mémoire de Clavelin, publié dans le *Dictionnaire de Physique*, tome II de l'Encyclopédie méthodique.

Si l'on suppose que l'air extérieur et celui du tuyau de la cheminée sont de même nature, comme l'air froid est plus dense que l'air chaud, il en résultera que, selon que l'air du tuyau sera plus froid ou plus chaud que l'air extérieur, la pression exercée sur le foyer sera plus petite ou plus grande que celle de l'air extérieur; et de là, dans le premier cas, l'existence d'un courant ascendant dans le tuyau de cheminée, par la plus forte pression exercée par l'air extérieur; et, dans le second cas, un courant descendant dans le tuyau, occasioné par la plus grande pression de l'air que le tuyau contient.

Ces deux courans sont assez généralement observés dans les tuyaux de cheminées dans lesquels on ne fait pas de feu; et cela, selon que l'air de l'intérieur de l'appartement avec lequel ces tuyaux communiquent est plus ou moins chaud que l'air extérieur. Lorsque l'air est plus chaud, celui des tuyaux qui y communique participant à cette température, il en résulte un courant d'air ascendant; si, au contraire, l'air intérieur est plus froid, il s'établit un courant descendant.

Franklin, en conséquence de ce principe,

avait annoncé qu'il se formait journellement
dans les tuyaux des cheminées un courant
d'air ascendant, qui commence vers les cinq
heures du soir et qui dure jusque vers les
huit ou neuf heures du matin ; à cette heure,
le courant s'interrompt, et l'air intérieur se
balance avec l'air extérieur; ensuite l'équilibre se rompt, et il succède un courant
descendant qui dure jusqu'au soir. Ce célèbre
physicien s'exprime ainsi :

« Pendant l'été il y a, généralement parlant,
une grande différence de la chaleur de l'air à
midi et à minuit, et conséquemment une
grande différence par rapport à sa pesanteur
spécifique, puisque plus l'air est échauffé,
/ plus il est raréfié. Le tuyau d'une cheminée étant entouré presque entièrement par
le reste de la maison, est en grande partie à
l'abri de l'action directe des rayons du soleil
pendant le jour, et de la fraîcheur de l'air
pendant la nuit; il conserve donc une température moyenne, entre la chaleur des jours
et la fraîcheur des nuits, et il communique
cette même température à l'air qu'il contient.
Lorsque l'air extérieur est plus froid que celui qui est dans le tuyau de la cheminée, il

doit le forcer, par son excès de pesanteur, à
monter et à sortir par le haut. L'air d'en bas
qui le remplace, étant échauffé à son tour
par la chaleur du tuyau, est également poussé
par l'air plus froid et plus pesant des couches
inférieures, et ainsi le courant continue jusqu'au lendemain, où le soleil, à mesure qu'il
s'élève, change par degré l'état de l'air extérieur, le rend d'abord aussi chaud que celui
du tuyau de la cheminée (et c'est alors que
le courant commence à vaciller), et bientôt
après le rend même plus chaud. Alors le tuyau
étant plus froid que l'air qui y pénètre, le ra-
fraîchit, le rend plus pesant que l'air extérieur, et conséquemment le fait descendre;
celui qui le remplace d'en haut étant refroidi à son tour, le courant descendant continue jusque vers le soir, qu'il balance de
nouveau, et change de direction, à cause du
changement de la chaleur de l'air du dehors,
tandis que celui du tuyau qui l'avoisine se
maintient toujours à peu près dans la même
température moyenne. »

Franklin ajoute encore une observation :
c'est que si la partie du tuyau d'une cheminée qui s'élève au-dessus du toit de la maison,

est un peu haute, et qu'elle ait trois de ses côtés successivement exposés à la chaleur du soleil, savoir ceux qui sont exposés au levant, au midi et au couchant, et que le côté tourné au nord soit défendu des vents froids du nord par les bâtimens attenans, il pourra souvent arriver qu'une telle cheminée soit si échauffée par le soleil qu'elle continue à tirer fortement de bas en haut pendant toutes les vingt-quatre heures, et peut-être pendant plusieurs jours de suite. Si on peint le dehors de cette cheminée en noir, l'effet en sera encore plus grand, et le courant plus fort.

Clavelin, savant caminologiste, a cherché à vérifier, par l'expérience, l'existence et la loi de ces deux sortes de courant; il résulte de ses observations que l'ordre et la durée de ce phénomène présentent beaucoup d'anomalies; que cependant le courant descendant de la nuit est assez régulier depuis cinq à six heures du soir jusqu'à huit ou neuf heures du matin; mais que le courant ascendant du jour est loin de présenter autant de régularité, même dans les temps calmes.

Ces phénomènes nous font concevoir la raison pour laquelle, quand plusieurs tuyaux

de cheminée se trouvent réunis en une seule
masse, la fumée de celles où le feu est allumé
descend souvent dans les autres, et remplit
ainsi les appartemens.

En appliquant aux tuyaux des cheminées
dans lesquelles on fait du feu, la théorie des
mouvemens ascendans et descendans, occasionés par la différence de densité entre l'air
extérieur et celui des tuyaux de cheminées,
on voit que dès que le combustible du foyer
commence à s'enflammer, il attire, pour
entretenir la combustion, l'air qui communique à la partie la plus basse de l'air extérieur, conséquemment celui de la chambre;
par sa combinaison avec le combustible, il se
dégage de la chaleur qui échauffe l'air en
contact avec le combustible, celui-ci échauffé
s'élève naturellement dans le tuyau qui est
placé au-dessus du foyer; il se forme également plusieurs produits plus légers que l'air
atmosphérique qui s'élèvent également; enfin
il se forme quelques produits plus denses, lesquels, au degré de chaleur qu'ils ont acquis en
sortant du foyer; sont encore plus légers que
l'air de la chambre. L'air échauffé et les produits de la combustion communiquent de la

chaleur à l'air du tuyau ; bientôt celui-ci est assez échauffé pour que la colonne de fluide qui remplit le tuyau de la cheminée soit plus légère que celle de l'air extérieur, alors le courant ascendant s'établit, et il acquiert une vitesse d'autant plus grande, que la pesanteur de sa colonne diffère plus de celle de l'air extérieur, ou autrement, qu'elle acquiert plus de légèreté.

Les résultats du mouvement de l'air dans les tuyaux de cheminées, expliqués d'après ce principe : que tout fluide plus léger que l'air de l'atmosphère s'élève en proportion de la différence de sa pesanteur spécifique, comme tout fluide plus pesant tombe par l'effet de la même pesanteur, ont beaucoup d'analogie avec ceux que présentent les siphons ; en effet, on sait que quand les branches d'un siphon rempli d'un fluide plus pesant que l'air atmosphérique sont égales, l'équilibre se maintient ; quand l'une est plus courte que l'autre, comme AB et BC ; *fig. 4 bis*, *Pl. I*, le fluide s'écoule rapidement par l'extrémité C de la plus longue branche, et entraîne le liquide contenu dans la plus courte C ; maintenant, que l'on renverse le siphon, et

que ces branches soient dirigées en haut, il
deviendra alors pour les fluides plus léger
que l'air de l'atmosphère, ce qu'il était auparavant pour les liquides plus pesans qu'elle;
le fluide léger s'élevera par la branche la plus
longue, et la colonne la plus longue entraînera la colonne la plus courte, selon les lois
inverses de la gravitation.

Cette théorie établit en peu de mots tout
le système de la caminologie; elle est parfaitement démontrée par les expériences que
Clavelin a faites avec le tuyau imaginé en
1686, par Dalesme, qui a été décrit dans le
Journal des Savans de la même année, et
dont Delahire rendit compte à l'Académie
des Sciences. (1)

Dalesme composa sa machine de plusieurs
tuyaux de fonte ou de tôle de fer, B C D, *fig.* 3,
Pl. I, d'environ quatre à cinq pouces de diamètre, qui s'emboîtent l'un dans l'autre; elle
se tenait droite au milieu de la chambre, sur
une espèce de trépied fait exprès. A est le lieu
où l'on fait le feu : en y mettant deux petits
morceaux de bois, on observe qu'il n'y a au-

(1) Tome x, ann. 1686, *Transact. philos.*, n° 181.

-cune apparence de fumée ni en A , ni en B.
On ne peut en approcher la main de moins
d'un pied , à cause de la grande chaleur. Si
l'on tire du feu l'un des morceaux de bois , il
fume à l'instant ; mais il cesse de fumer dès
qu'on le remet dans le foyer. Les combus-
·tibles les plus puans ne produisent pas la
moindre odeur dans cette machine , et tous
les parfums s'y perdent , ce qui n'arrive cependant que quand le feu qui est en A est
bien allumé , et que le tuyau B D est fort
chaud ; de sorte que l'air qui entretient la
combustion ne peut entrer que par l'ouverture A , et ne frappe que sur le feu qui est
à découvert ; par ce moyen la flamme et la
fumée sont entraînées en bas vers l'intérieur
du tuyau , et sont obligées de traverser le
combustible.

Pour que la combustion puisse s'opérer
sans fumée , il faut que l'ouverture A soit
proportionnée à l'ouverture B ; il faut encore
que l'ouverture A ne soit pas trop grande. Il
paraît que ces rapports de grandeur ont em-
pêché que l'on ne tirât de cette machine tout
le parti que sa découverte semblait en faire
espérer. Au reste , c'est probablement à cette

invention que l'on doit l'idée des allendiers, que l'on a établis comme foyers de plusieurs grands fourneaux; c'est encore aux propriétés de ce système que l'on doit les fourneaux et foyers fumivores.

Revenons aux expériences que Clavelin a faites avec cette machine, à laquelle il a fait subir quelques changemens pour la rendre propre aux expériences qu'il s'est proposées.

Il conserva partout la partie horizontale DD (*fig.* 4, *Pl. I*), sur laquelle est soudé le bout du tuyau A faisant office de foyer; mais aux extrémités de cette partie il adapta deux tuyaux verticaux B et C, dont il varia la direction. Dans le nombre d'expériences qu'il a faites avec cet appareil, deux surtout méritent une attention particulière.

Première expérience. Lorsque les extrémités d'un tuyau horizontal sont garnies des deux branches verticales de la même longueur, le courant du réchaud placé entre deux, en A sur le tuyau horizontal, se partage en deux, et sort par les deux branches; mais si l'une de ces branches est maintenue froide, l'autre étant chaude, le courant s'établit de l'une à l'autre, descendant par la branche froide, ascendant par la branche chaude ; si l'on plonge celle-ci dans l'eau froide, le courant change et descend pour remonter de l'autre côté; si l'on supprime l'une des branches, l'air entre alors par cette extrémité du tuyau, monte et sort par la branche restante. Cet effet du refroidissement d'une des branches de ce poêle sur la direction du courant, est applicable à un grand nombre de phénomènes de la caminologie.

Seconde expérience. La partie horizontale du tuyau et la position du foyer restant les mêmes, si l'on bouche l'une des branches et que l'on fasse mouvoir l'autre jusqu'à ce qu'elle soit horizontale E, l'air qui alimente le foyer entre par la branche ainsi couchée, la flamme et la fumée s'élèvent au-dessus du foyer : si alors on redresse peu à peu la branche qu'on avait couchée horizontalement, au lieu d'un seul courant on en aura deux dans la capacité du même tuyau, l'un entrant, l'autre sortant. Plus on élève cette branche, plus le courant sortant devient fort. Enfin, lorsqu'elle fait, avec la partie horizontale de la machine, un angle de 35 à 40 degrés, le courant entrant sans cesse, et le courant sortant, le seul en activité, remplit toute la capacité du tuyau ; alors la flamme et la fumée plongent absolument dans le foyer.

D'après d'anciens réglemens, les tuyaux des cheminées devaient avoir, à Paris, 3 pieds de long (1 mètre) sur 10 pouces de large (30 centim.), et ceux des cuisines, de 4 pieds et demi à 5 pieds de long (1 mètre 50 à 1 mètre 60) sur 10 pouces de large (30 centim.).

Dès 1624, Savot avait déjà observé que, dans ces sortes de tuyaux, il s'établissait deux courans d'air : l'un ascendant, l'autre descendant. Clavelin a depuis également remarqué que la colonne de fumée pèse moins en général sur les côtés que vers son centre ; qu'il en résulte que, lorsque les ouvertures qui fournissent l'air au foyer sont exactement fermées, il s'établit un courant d'air descendant sur l'un des côtés du tuyau, tandis que la colonne de fumée s'élève dans l'autre partie; que c'est là une des causes qui font fumer les cheminées : de sorte que beaucoup d'entre elles fument par les angles, quoique la fumée paraisse monter librement. Clavelin fait voir que pour obvier à cet inconvénient, il faut rétrécir l'issue du tuyau jusqu'au point où l'impulsion de la colonne de fumée sur son centre ou sur ses côtés soit nulle ou très-légère.

Il est difficile d'indiquer une largeur constante pour les tuyaux de cheminée ; cette largeur doit être en proportion de la masse de vapeur fuligineuse et de l'air que le tuyau doit recevoir. Ces conduits ne doivent pas être assez resserrés pour donner lieu , en aucun temps, à la poussée par la chaleur , ni assez larges pour qu'il puisse s'y établir deux courans, l'un ascendant, l'autre descendant.

On a cru pendant long-temps que le dévoiement des tuyaux de cheminée contribuait à les faire fumer ; c'est pourquoi on avait autrefois pris le parti d'adosser l'un sur l'autre les tuyaux des divers étages qui se correspondaient ; mais on reconnut bientôt que cette méthode avait deux inconvéniens : 1°. que les tuyaux élevés verticalement étaient plus sujets à fumer ; 2°. qu'en les adossant les uns sur les autres, on diminuait l'étendue des étages supérieurs. Depuis lors on a pris le parti de les dévoyer sur leur élévation sans diminuer la solidité de leur construction, de manière que toutes leurs ouvertures se rejoignent pour sortir au-dessus du toit.

Quelque crainte qu'on eût dans l'origine que cette direction oblique et tortueuse des tuyaux ne fût un obstacle à l'ascension de la fumée ou une cause fréquente d'incendie, l'expérience a fait connaître que cette disposition n'apportait par elle-même aucun de ces inconvéniens, pourvu que le tuyau n'eût rien dans son étendue qui pût arrêter la fumée. Aujourd'hui, on contourne les tuyaux de mille manières; on fait faire à la fumée plusieurs circonvolutions pour échauffer les appartemens; on la fait descendre, monter; on la divise pour la faire passer dans différens conduits, qui se réunissent ensuite dans le tuyau principal, comme dans le calorifère d'Olivier, les cheminées de Desarnod, de Curaudeau, etc.

Rumford a proposé de rétrécir l'ouverture des cheminées près du foyer, comme nous le verrons, afin d'augmenter la rapidité du courant. Ce mode, que l'on a perfectionné de nos jours dans les foyers que l'on établit en avant des cheminées, obtient un grand succès lorsqu'il est employé avec les précautions qu'il exige.

Le rétrécissement de l'ouverture inférieure des cheminées paraît en contradiction avec le système opposé des larges *hottes* que l'on employait anciennement : l'une et l'autre manière a ses avantages et ses inconvéniens. Les hottes réunissent sur une grande surface les produits de la combustion et toutes les vapeurs qui se forment au-dessus du foyer ; elles les dirigent vers le tuyau, mais elles ne s'opposent pas à l'effet des courans descendans qui, comme on l'a déjà dit, s'établissent ordinairement dans les tuyaux qui ont une grande largeur. Les rétrécissemens obligent la masse d'air, de gaz et de vapeur, qui se dirige vers le tuyau de la cheminée à se resserrer dans le passage étroit qui se présente, à acquérir dans ce passage une grande vitesse, laquelle augmente celle de l'ascension ; ils s'opposent, par la petitesse des ouvertures, au refluement de l'air descendant. L'air froid de l'appartement ne peut pas se réunir en aussi grande abondance avec les produits de la combustion, d'où il résulte,

1°. une moins grande consommation d'air, une moins grande rentrée d'air froid et un moins grand refroidissement ; 2°. les produits de la combustion étant refroidis par l'air de l'intérieur qui s'y mêle, ont une plus grande force ascensionnelle, et le tirage en est mieux établi ; mais aussi se répand-il une bien moindre quantité de chaleur dans la pièce.

Clavelin semble préférer l'usage des hottes à celui du rétrécissement du tuyau près du foyer. Il observe qu'une des dispositions les plus importantes et les moins connues jusqu'ici, consiste à donner aux tuyaux de cheminée une forme pyramidale, et que la base de ces tuyaux, prise à six ou sept pieds audessus du foyer, ait un tiers de plus que son issue à l'extrémité supérieure, en sorte que la totalité du système du tuyau soit composée de deux pyramides, l'une inférieure, de six à sept pieds de haut, à compter de la tablette du chambranle, ayant pour base l'aire du foyer, et pour sommet la base de la pyramide supérieure ; la seconde, immédiatement au-dessus de celle-là, ayant pour base son sommet, et pour sommet une ouverture d'un tiers moindre que sa base.

Quoique Clavelin paraisse préférer la forme de tuyau que nous venons d'indiquer, il ne rejette pas pour cela l'usage des petites ouvertures; car il résulte de ses expériences, que le rétrécissement des ouvertures qui fournissaient l'air, et de celles qui donnent au-dehors issue à la fumée, accélère le mouvement de l'air affluant et celui de l'ascension de la fumée; que cette accélération du mouvement est telle que, jusqu'à un certain terme fixé par l'expérience, la masse d'air fournie, ou de fumée émise par des ouvertures étroites, se trouve supérieure à celle que fournit une ouverture plus grande.

Un des résultats principaux que l'on doit se proposer d'obtenir pour empêcher la fumée de pénétrer dans les appartemens, c'est un bon et un fort tirage dans les tuyaux de cheminée. Ce tirage est d'autant plus grand, que la pression de la colonne d'air qui communique par le tuyau est plus faible que celle qui communique par les fissures. Or, cette grande différence dans la pression peut s'obtenir de deux manières : 1°. par le plus grand échauffement des matières fuligineuses qui s'élèvent dans le tuyau ; 2°. par la plus grande hauteur du tuyau.

Clavelin a observé (1), 1°. que la chaleur de la fumée s'accroît par l'augmentation de la consommation du bois , mais non pas dans une proportion correspondante , au moins si l'on en juge par le rapport du thermomètre ; 2°. que la chaleur dans le tuyau de la cheminée , toutes choses absolument égales d'ailleurs , est d'autant plus forte que la chambre où se fait la combustion est moins grande ; 3°. que la chaleur diminue sensiblement à mesure que la fumée monte , et que cette diminution est d'environ un degré du thermomètre (de Réaumur) par pied d'ascension ; qu'en conséquence , il est des cas où , selon la hauteur de la cheminée ou la température de l'air , la fumée , parvenue au sommet du tuyau , doit être à la température de l'atmosphère ; mais l'auteur observe que les gaz qui forment la fumée , étant à une température égale à celle de l'atmosphère , ne lui sont pas cependant équi-

_____

(1) *Ann. de Chimie*, t. xxxiii, p. 172, an 8.

pondérables ; ce qui est vrai à quelques égards.

Quant à la hauteur des cheminées, il prouve qu'au-dessous de 15 pieds (5 mètres), les tuyaux de nos cheminées ne suffiraient que difficilement à entretenir le courant nécessaire ; et pour que le système soit sûr, il faut que l'issue du tuyau soit élevée à peu près de 30 pieds(10 mètres) au-dessus de l'aire du foyer.

ARTICLE III.

Détermination de la vitesse du tirage dans les tuyaux de Cheminées.

Pour déterminer la vitesse du courant ascendant de la fumée dans les tuyaux des cheminées, on ramène les effets du tirage aux mêmes lois que l'écoulement d'un liquide, c'est-à-dire que sa vitesse est la même que celle d'un corps grave tombant d'une hauteur égale à la différence de hauteur des deux colonnes ; en effet, la différence de pesanteur de la colonne de fluide élastique contenu dans le tuyau de la cheminée, à celle de la colonne d'air extérieur, ou la différence de hauteur de ces deux colonnes supposées, réduites à la même densité, est la pression motrice qui détermine la vitesse d'ascension.

Cela posé, il sera facile de calculer la vitesse du tirage lorsqu'on connaîtra la température de l'air contenu dans le tuyau de la cheminée, sachant que la dilatation de l'air pour chaque degré centigrade, est de 0,00375 de son volume à zéro, ou pour 100 degrés, de 0,375.

Nous allons éclaircir cela par un exemple : supposons que la température extérieure soit à zéro.

La température dans le tuyau de la cheminée à 100 degrés.

La hauteur de la cheminée soit de 100 mètr.

La section horizontale du tuyau de la cheminée soit de 0^m,50.

Les volumes étant en raison inverse des densités, on aura :

100 (air extérieur) : 137,5 (volume de l'air intérieur) :: x : 100.

D'où x, densité cherchée, = 71.

La colonne d'air extérieure à zéro étant de 100 mètres, celle intérieure sera représentée par 71^m, ce qui fait une différence de 29 mètres ; la vitesse due à cette pression sera

$4,43 \times \sqrt{29} = 23^m,84$ (1). Pour connaître la quantité d'air qui passera.en une seconde, il faudra multiplier la surface de la section (*voyez* page 61) du tuyau de la cheminée par $23^m,84$; or, dans cet exemple, nous avons supposé que cette section était de $0^m,50$ carrés, on aura donc : $23,84 \times 0^m,50 = 11^m,92$; quantité plus que suffisante pour brûler un demi-kilogramme de charbon par seconde (*voyez* page 28).

Ce calcul est établi en supposant que l'air qui a servi à la combustion n'a pas changé de pesanteur, mais cette différence est assez considérable pour qu'on y ait égard ; on compte qu'il éprouve par sa combinaison

---

(1) Étant donnée la hauteur d'où un corps est tombé, il sera facile de calculer la vitesse acquise au moyen d'une proportion.

Soit, par exemple, 3 mètres ; ce corps, en tombant de $4^m,904$, acquiert une vitesse de $9^m,808$, on aura :

$$\sqrt{4^m,904} : \sqrt{3} :: 9^m,808 : x,$$

d'où $x = 4,43 \times \sqrt{3}$, ou $7^m,67$ par seconde.

En général il suffit, comme on le voit par le résultat de cette proportion, de multiplier la racine de la hauteur par $4,43$.

avec le charbon ou *carbone* une augmentation de 1 kilogramme par 20 mètres cubes
d'air, sans acquérir plus de volume si la température est la même , et comme 20 mètres
cubes d'air pèsent environ 26 kilogrammes
(*voyez* page 26), ils augmentent donc de $\frac{1}{26}$;
ainsi il faudra compter $71 + \frac{1}{26} = 73,73$, ce
qui réduira à $26^{m}\cdot,27$ la différence des deux
colonnes d'air, et donnera une rapidité de
$4,43 \times \sqrt{26,27} = 22^{m}\cdot,21$ au lieu de
$23^{m}\cdot,84.$

Une autre circonstance à laquelle il faut
également avoir égard , c'est qu'il n'y a environ que la moitié de l'oxigène de l'air qui
soit employée ; il faut donc faire passer un
volume d'air double, et, dans ce cas, il ne
faudrait augmenter que de $\frac{1}{52}$ le poids de la
colonne intérieure.

ARTICLE IV.

Du renouvellement de l'air nécessaire à la Combustion.

Nous avons vu, page 26, que l'air est un des
principaux agens de la combustion. Pour que
le foyer reçoive celui qui lui est nécessaire,
il faut qu'il en pénètre dans l'appartement.

une quantité assez abondante pour alimenter la combustion ; ainsi , dans un appartement que l'on chauffe , il doit donc exister des ouvertures qui établissent des communications entre l'air extérieur et l'air de l'appartement. Mais les moyens ordinaires de chauffage , par les cheminées ou par les poêles , ne remplissent nullement cette condition , et il faut que les joints des portes et des fenêtres fournissent l'air nécessaire à la combustion ; et comme les courans qui s'établissent par ces joints ont une très grande vitesse , et forment ce qu'on appelle des *vents coulis* (1) , qui occasionent des rhumes et autres maladies , il faut pourvoir au remplacement de cet air par le moyen indiqué par Gauger, et qui consiste à pratiquer sous le plancher un conduit qui amène l'air du dehors, pour le verser derrière le contrecœur, ou sur une des faces du poêle , d'où , après s'être échauffé, il se répand dans l'ap-

---

(1) Franklin cite, à propos de ces courans, le proverbe chinois : « Il faut éviter le vent qui se glisse par « un passage étroit avec autant de soin que la pointe « d'une flèche. » Tome ii, page 89.

partement. Ce procédé procure deux grands avantages, celui de remplacer l'air enlevé de l'appartement par de l'air pur et chaud, et de prévenir entièrement les vents coulis. Nous insisterons sur cet objet lorsque nous traiterons en particulier des différens modes de chauffage.

Les moyens indiqués pour introduire de l'air extérieur sont les *vasistas*, les *moulinets*, etc.

Il est presque inutile de dire que ces moyens de se procurer de l'air nouveau ont plus d'inconvéniens encore que les fissures des portes et des fenêtres, parce qu'ils introduisent un torrent d'air froid. Cependant, comme il peut être indispensable, dans des constructions déjà faites, de placer des conduits d'air pris à l'extérieur, et que la situation de ces ouvertures peut avoir une grande influence sur l'échauffement de l'appartement, nous ferons remarquer que l'air chaud étant plus léger que l'air froid, si l'on place les ouvertures d'introduction d'air dans les parties élevées, l'air froid qui entre, à cause de sa pesanteur, doit nécessairement descendre ; en traversant les couches d'air supérieures, il s'échauffe et il parvient sur le sol à une température qui le rend un peu plus supportable; mais si les ouvertures d'introduction sont placées dans le bas près du sol, l'air, en entrant, conserve sa température et exerce sur les jambes une sensation de froid d'autant plus grande que la température extérieure est plus basse.

ARTICLE V.

De la Ventilation.

Dans un lieu fermé, l'air continuellement aspiré et expiré et altéré par les émanations de toute espèce, devient impropre à la respiration et nuit à la santé s'il n'est fréquemment renouvelé; les bases suivantes devront servir à établir les calculs relatifs à la ventilation.

On compte que 95 mètres cubes d'air atmosphérique qui contient $\frac{21}{100}$ d'oxigène, peuvent suffire à la respiration d'une personne pendant vingt-quatre heures; mais pour que la respiration soit agréable, on quadruple cette quantité, ce qui fait 38o mètres cubes en vingt-quatre heures. Ainsi, dans une chambre de grandeur quelconque, si l'on veut que le renouvellement de l'air s'y fasse d'une manière continue, il faudra, pour alimenter la respiration d'une seule personne, que l'introduction, comme la sortie, soit de 16 mètres cubes par heure.

Ce n'est pas le manque d'oxigène qui donne lieu aux indispositions que beaucoup de per·sonnes éprouvent dans les salles de spectacles, les hôpitaux et les autres lieux de grande réunion d'hommes (1); on a fait l'analyse de l'air lorsqu'il était devenu impropre à la respiration, et que par suite il causait des accidens plus ou moins graves; la proportion d'oxigène dans cet air n'avait pas diminué d'un vingtième; or, les mêmes individus n'é-prouvaient pas la moindre indisposition en respirant un air qui ne contenait que les $\frac{4}{5}$ de l'oxigène qui constitue l'air ordinaire. Il est donc bien démontré qu'on ne peut attribuer au défaut d'oxigène les mauvais effets que nous éprouvons en respirant l'air des lieux où un grand nombre de personnes sont ras-semblées : on pense que ces effets sont dus

(1) Extrait du *Dictionn. technol.*, tome 1, article *Assaïnissement*.

aux miasmes animaux qui y sont répandus en vapeurs. En effet, si dans ces endroits publics où la respiration est gênée, et dans lesquels on n'a pas établi de circulation d'air, on suspend un ballon rempli de glace, la vapeur répandue dans l'air se condensera sur toute sa surface extérieure, et le liquide que l'on pourra recueillir (dans une petite cuvette placée sous le ballon), mis dans un flacon bouché et exposé à une température de 25 degrés centigrades, éprouvera promptement une fermentation putride; et, en débouchant le flacon, il s'en exhalera une odeur fétide.

Il est donc bien important d'établir une ventilation pour renouveler l'air, soit d'une manière continue, soit périodiquement; dans tous les cas, il est indispensable de pouvoir mesurer la quantité d'air introduite dans un temps donné; on y parviendra par le procédé suivant : Pour évaluer la vitesse d'un courant d'air ou d'un courant de gaz quelconque, il faut tout simplement produire une petite bouffée de noir de fumée ou de tout autre corps coloré et très léger, à l'entrée d'un tuyau d'une longueur déterminée;

et dans lequel passe le courant dont on se propose de connaître la vitesse. On observe bien exactement, par la sortie de la poudre noire, le temps qu'elle aura employé à parcourir la longueur du tuyau, et il est bien clair que ce sera la mesure de la vitesse du courant. On peut d'ailleurs répéter cette expérience plusieurs fois de suite, et prendre une moyenne qui présente encore plus de probabilité d'exactitude.

Ayant obtenu la vitesse de l'air, on aura la quantité introduite dans un temps donné; en mesurant la section du canal par lequel l'air passe (ou la section du passage le plus étroit, s'il n'est pas égal partout), et multipliant la surface de cette section par la vitesse de l'air. Exemple : soit un conduit de forme prismatique rectangulaire, de 100 décimètres de longueur, dont la section présente un carré de 2 décimètres de côté, et par conséquent de 4 décimètres de surface; la vitesse de l'air qui passe dans ce conduit étant supposée égale à 1 mètre par seconde, on aura :

En multipliant d'abord la surface de la section par la longueur, $4 \times 100 = 400$;

c'est-à-dire une colonne égale à 400 décimètres cubes ; or la vitesse étant de 1 mètre ou dix décimètres par seconde, toute la longueur du tube sera parcourue en dix secondes, et donnera 400 décimètres cubes, ou 40 décimètres par seconde : en multipliant la surface de la section par la vitesse, on aurait eu le même résultat. En effet, $4 \times 10 = 40$; donc la formule indiquée doit donner des résultats exacts.

Nous avons vu que pour alimenter la respiration d'une seule personne il fallait 16 mèt. cubes d'air atmosphérique par heure ; ainsi dans une réunion de 200 personnes, il sera nécessaire de renouveler 3,200 mètres cubes d'air par heure. Si l'on examine les moyens de ventilation établis dans quelques salles de spectacles, on ne sera pas surpris de l'odeur fétide que l'on y respire, surtout dans les parties supérieures, où se porte l'air vicié dont le mélange avec les vapeurs exhalées forment une masse légère qui s'élève au sommet de la salle.

Les moyens suivans de ventilation peuvent être employés avec succès : 1°. Dans les salles de spectacles et les lieux de grande réunion, dont la forme est ordinairement celle d'une voûte au sommet de laquelle est une ouverture circulaire fermée par un vitrage, on le disposera à charnières, de manière à pouvoir faire les fonctions de registre qu'on ouvrira à volonté au moyen d'une corde roulée sur une poulie à laquelle est attachée un poids.

2°. Pour les appartemens, on pourra en chasser l'air vicié en pratiquant dans la cheminée et à la hauteur du plafond un trou d'environ un décimètre de diamètre. Il s'établira par cette ouverture un courant d'autant plus rapide que l'air contenu dans le canal de la cheminée sera plus chaud, et qui emportera l'air qui contient des émanations nuisibles à la respiration. Si ce courant, par sa rapidité et sa proximité de la cheminée, devenait incommode, on pourrait, pour éviter son impression, adapter au trou un tuyau de fer-blanc, de zinc ou de carton, que l'on ferait aboutir à l'endroit de l'appartement le moins fréquenté.

Si l'appartement est chauffé par un poêle, ce trou en ralentira un peu le tirage, c'est pourquoi il ne faut pas le faire très grand;

mais si c'est par un feu de cheminée, l'effet de ce ralentissement ne sera pas sensible.

Un autre moyen de ventilation, proposé par Tredgold, nous paraît parfaitement remplir son objet : si l'on place dans une cheminée l'une des branches d'un siphon renversé, assez près du feu pour que l'air dans cette branche devienne plus chaud que celui de l'autre branche, il s'établira un mouvement; l'air montera dans la branche échauffée et se portera dans la cheminée, un courant descendra dans la branche froide et entraînera l'air de la chambre.

Pour rendre utile l'application de ce principe, il faut que l'ouverture de la branche froide du siphon soit près du plafond de la chambre; la partie la plus basse de la courbe doit être, autant que possible, au-dessous du point où la chaleur s'applique; et l'ouverture par laquelle l'air s'échappe dans la cheminée, doit être faite de manière que la suie ne puisse pas tomber dans le tuyau; il doit aussi y avoir un registre au haut du tuyau pour régler la ventilation. Soit donc, *fig.* 13, *Pl. I*, A l'ouverture du tuyau avec son registre vers le plafond de la chambre, C la place où la branche placée dans la cheminée est en contact avec le côté ou le derrière du foyer, B la partie basse du siphon, et D l'ouverture de la branche dans la cheminée, et qui est recouverte par un cône renversé pour la garantir de la suie. Un tube de cette espèce peut se placer facilement dans l'angle de la cheminée ou dans le mur ; la branche qui se trouve dans la cheminée doit être assez rapprochée du combustible pour pouvoir recevoir une quantité suffisante de chaleur.

Lorsque, par une cause quelconque, l'air d'un appartement a été infecté de miasmes putrides, la substitution d'un nouvel air ne suffit pas toujours, il faut alors des agens chimiques pour les neutraliser : on emploie avec succès le dégagement du gaz acide muriatique, qu'on obtient en mêlant de l'acide sulfurique étendu d'eau avec du sel marin ; on pose ce mélange sur un réchaud, et on laisse l'appartement fermé pendant vingt-quatre heures, après quoi on renouvelle l'air.

On parvient aussi à désorganiser les émanations animales par le chlore (appareil désinfectant de Guyton-Morveau) qui leur enlève l'hydrogène, l'une de leurs parties constituantes ; cette désunion de l'un des principes suffit pour ôter à ces miasmes putrides toutes leurs propriétés nuisibles. Il n'est pas inutile de prévenir qu'il faut user de ce moyen avec certaines précautions, que les circonstances indiquent d'elles-mêmes, et il suffit de se rappeler que ce gaz antiputride est lui-même très délétère. En Angleterre on emploie beaucoup l'acide nitrique à cet usage. (1)

Les fumigations de sucre, de genièvre, et l'évaporation du vinaigre surtout, que l'on recommande fort souvent comme antiputrides, sont loin d'avoir l'énergie des deux agens ci-dessus, ils ne changent rien à la nature des miasmes ; leur préservatif paraît être dû à l'irritation qu'ils occasionent sur nos organes, et qui peut momentanément les garantir de l'action morbifique des exhalaisons putrides, mais n'empêche pas leurs effets de se reproduire plus tard avec autant d'intensité.

_____

(1) *Dictionn. technol.*, t. 1, article *Assainissement.*

CHAPITRE III.

Des Combustibles employés pour le chauffage — Comparaison des différens Combustibles sous le rapport de l'économie. — Notice sur le Chauffage avec la houille.

ARTICLE PREMIER.

Des Combustibles employés pour le chauffage.

LONG-TEMPS, en France, le bois a été le seul aliment de chauffage ; sa consommation en est devenue si considérable, et nos forêts ont été tellement détériorées par les coupes extraordinaires faites pour les constructions maritimes et les travaux de défense, durant nos longues guerres, qu'elle se trouve aujourd'hui hors de proportion avec les produits de nos forêts, dont le nombre et l'étendue, d'ailleurs, ont diminué pour faire place à des cultures plus productives. On ne sera pas étonné de ce que nous avançons lorsqu'on saura que, dans la seule ville de Paris, on consomme encore annuellement, pour le chauffage seulement, un million de stères de bois (environ 500,000 voies), dont

la valeur est de 15 millions de francs ; cela
explique la hausse toujours croissante du
prix auquel le bois à brûler s'élève ; et ce
combustible deviendrait bientôt insuffisant
à nos besoins, si la nature ne nous offrait
d'immenses ressources dans les mines de
houille ou charbon de terre exploitées ou
susceptibles de l'être dans beaucoup de dé-
partemens de la France. Le combustible mi-
néral remplace le bois avec avantage dans
les besoins domestiques ; quelques localités
trouvent encore une autre ressource dans
des tourbières. La tourbe procure une chaleur douce ; on peut l'employer avec succès
dans le chauffage des habitations.

Enfin, depuis quelque temps, on emploie avec avantage, à Paris, le *coak* ou
coke (charbon de houille), qui projette
beaucoup de chaleur rayonnante, et qui ne
donne ni mauvaise odeur, ni fumée. (1)

Le choix du combustible est une chose

_____

(1) D'après les expériences faites par M. Debret,
architecte de l'Académie royale de musique, il résulte
que : De deux cheminées placées dans des circonstances absolument semblables, aux deux extrémités
du foyer de l'Opéra, l'une a été chauffée avec du bois,
et l'autre uniquement avec du coke ; deux thermo-

fort importante ; car, à quantités égales,
tous ne donnent pas les mêmes quantités de
chaleur. Le tableau suivant fera connaître
la valeur calorifique de chacun, en indi-

---

mètres étaient placés près de chaque cheminée, de manière à marquer seulement la température de la pièce.

La température extérieure était à 4 degrés au-dessus
de la glace, et celle du foyer à 9 degrés. Les cheminées allumées ont produit les résultats suivans :

Cheminée chauffée par le bois. *Cheminée chauffée par le coke.*

	degrés.		degrés.
A cinq heures,	9	A cinq heures,	9
A six heures,	10	A six heures,	12
A sept heures,	11	A sept heures,	14
A huit heures,	13 $\frac{1}{2}$	A huit heures,	16
A neuf heures,	15 $\frac{1}{2}$	A neuf heures,	17 $\frac{1}{2}$
A dix heures,	16	A dix heures,	18
A dix heures et dem.	17	A dix heures et dem.	19

La température moyenne a donc été pendant la soi-
rée, pour l'extrémité du foyer chauffé par le bois,
de 13 degrés, et pour celle du foyer chauffé par le
coke, de 16 degrés.

Si de la différence de ces deux termes on déduit le
degré de température du point de départ, c'est-à-dire
9 degrés, on trouve que le bois a augmenté la chaleur
existante de 4 degrés, tandis que le coke l'a augmentée
de sept degrés, c'est-à-dire que ce dernier combustible
a produit un effet double de l'autre. Cependant on
avait dépensé 3 fr. 50 c. pour chauffer avec le bois,
et seulement 1 fr. 80 c. pour chauffer avec le coke.
(Le prix du coke est supposé de 60 fr. la voie, ou
quinze hectolitres, et celui du bois de 40 fr. la voie.)

quant le nombre de kilogrammes d'eau que
peut élever d'un degré centigrade un kilogramme de combustible; ou , ce qui revient
au même, le nombre de degrés qu'un combustible pourrait donner à un kilogr. d'eau.

COMBUSTIBLES ESSAYÉS.	RUMFORD.	LAPLACE.	CLÉMENT-DESORM.
Bois de chêne sec....	3146	»	3666
— de hêtre sec......	3600	»	3666
— *id.* séché à l'air...	3300	»	2945
— de peuplier sec....	3700	»	3666
— *id.* séché à l'air....	3460	»	»
Charbon de bois.....	»	7226	7050
Houille contenant 0,2 de terre..........	»	»	5932
— première qualité, 0,02 de terre......	»	»	7050
Coke contenant 0,1 de terre..........	»	»	6345

Rumford a de plus observé qu'on peut
évaporer des quantités égales d'eau, présentant des surfaces égales, et par conséquent
produire des températures égales, par

403 livres de coke.

600   de houille.

600   de charbon de bois..

1,089   de bois de chêne.

ou, en volume, par

17 livres de coke.

10   de houille.

40   de charbon.

33   de chêne.

ARTICLE II.

Comparaison des différens Combustibles sous le rapport de l'économie. (1)

« D'après les règles générales que nous allons tracer, il sera facile à chacun de reconnaître dans le pays qu'il habite, quel est le combustible auquel il doit donner la préférence sous le rapport de l'économie. Nous appliquerons ces règles à quelques exemples.

« Nous nous bornerons à faire observer que la préférence doit toujours être donnée au combustible qui produit le plus de chaleur, qui dure le plus long-temps au feu, et qui coûte le moins cher ; ce qui dépend des productions de chaque pays.

« Comme le bois se trouve partout, son

_____

(1) Extrait du septième volume de l'*Encyclopédie moderne*, publié en 1825.

usage est le plus généralement répandu; mais, dans les pays où l'on peut se procurer facilement de la houille, le bois lui est inférieur sous tous les rapports. Il en est de même dans les lieux où se trouve la tourbe; elle est préférable au bois, quoiqu'elle ne le soit pas à la houille. Il faut faire attention que nous ne parlons ici que de la tourbe crue et non carbonisée.

« Pour apprécier convenablement l'avantage qu'une espèce de combustible peut avoir sur les autres, on ne doit pas les comparer par leur volume, mais bien par leur poids, parce que le feu dure plus ou moins long-temps, à raison de la quantité de matière qu'on soumet à son action. Or, la quantité de matière s'évalue par le poids et non par la place qu'elle occupe. On sait, par exemple, qu'un quintal de tourbe crue ne coûte qu'environ 1 fr. 20 c., tandis que le même poids de houille se paie le double. Il ne faut pas encore juger par les prix; car il est possible qu'il soit plus avantageux, plus économique, d'employer la houille de préférence à la tourbe, si, pendant la combustion, le quintal de houille présente plus d'activité, et que la durée surtout surpasse celle de deux quintaux de tourbe. Nous allons rapporter le résultat des expériences qui ont été faites par un homme respectable, dans la vue d'éclaircir ce point important.

« Dans un rapport fait par M. *Gillet de Laumont*, à la Société royale et centrale d'Agriculture, on voit qu'avec un poids égal de bois de chêne, de tourbe d'Essonne et de houille du Creusot, l'évaporation de l'eau, dans le même fourneau, a lieu dans les proportions suivantes :

« L'évaporation produite par le bois de chêne étant comme 4, celle produite par la tourbe est comme 5, et celle produite par la houille est comme 10.

« Il résulte donc qu'en préférant la tourbe au bois on gagne un cinquième, et qu'en employant la houille on gagne la moitié sur la tourbe et les trois cinquièmes sur le bois de chêne.

« Comparons actuellement le prix de ces trois combustibles ; nous ne ferons entrer dans nos calculs, ni le prix du transport, ni celui du sciage du bois, ni les autres menus frais qui sont à la charge du consomma-

7

teur : c'est à chaque particulier à prendre
en considération une dépense qui varie selon
les circonstances.

« Au prix auquel le bois s'est vendu, et que
nous prenons ici pour notre règle, le quintal revient environ à 2 francs, tandis que
celui de la tourbe ne vaut qu'un franc ; ce
qui fait que la tourbe présente un bénéfice
de moitié, ou cinq dixièmes, relativement
au prix. En ajoutant ces cinq dixièmes aux
deux dixièmes que M. de Laumont a trouvés
de bénéfice par l'emploi de la tourbe, on
voit qu'à Paris il y a une économie des sept
dixièmes à user de la tourbe de préférence
au meilleur bois.

« Pareillement on doit préférer la houille
au bois de chêne ; car, d'après le même rapport, elle gagne les six dixièmes sur le bois.
A l'égard du prix, le quintal de houille vaut
2 fr. 5o c., tandis que le quintal de bois ne
coûte que 2 fr. ; c'est un cinquième, ou deux
dixièmes, de bénéfice en faveur de ce dernier.
Par conséquent si, des six dixièmes gagnés
par la houille sur le bois, on déduit deux
dixièmes ou un cinquième qu'elle perd sur
le prix, elle offre encore une économie de

quatre dixièmes , ou deux cinquièmes , sur le bois de première qualité que l'on brûle à Paris.

« La tourbe est plus économique que la houille ; car, d'après les bases que nous donne le même rapport, la houille gagne moitié sur la tourbe, c'est-à-dire que deux quintaux de tourbe produisent le même effet qu'un quintal de houille ; mais un quintal de houille coûte 2 fr. 50 c. , tandis que deux quintaux de tourbe crue ne coûtent que 2 francs : donc la tourbe présente un cinquième d'économie sur la houille.

« Tous ces calculs ont été faits pour Paris ; mais ils doivent servir d'exemple pour les différens lieux dans lesquels on se trouve.

« Concluons de ces expériences qu'à Paris , la tourbe crue est le plus économique de tous les combustibles ; qu'après la tourbe vient la houille, ensuite le charbon de tourbe, puis le bois ; et qu'enfin le plus dispendieux et le plus dangereux de tous les combustibles pour les mauvais effets de la vapeur qu'il répand , c'est le charbon de bois. »

ARTICLE III.

Extrait d'une Notice sur le chauffage avec la Houille, lue à la Société d'Encouragement, dans la séance du 14 octobre 1812, par M. de La Chabeaussière.

On reproche à la houille de répandre une odeur désagréable dans les appartemens, et de déposer sur les meubles une poussière noire très ténue ; on a prétendu que ces inconvé niens suffisaient pour faire rejeter ce combustible, quoiqu'on soit convaincu de la grande économie de son emploi ; on n'a pas fait attention sans doute que ces effets étaient dus à la manière vicieuse dont on dispose la houille sur la grille.

Pour bien dresser un feu de houille, il est indispensable de placer d'abord sur le fond de la grille quelques menus bois de branchage, des copeaux, etc., qu'on charge, à la hauteur de 2 à 3 pouces, de morceaux de houille, sans trop les presser, afin que l'air et la flamme puissent circuler librement entre eux ; ensuite on allume le menu bois ; bientôt la flamme embrase la houille, et lorsqu'elle est en incandescence on achève de charger la grille.

On place devant la cheminée, à partir du haut de la grille, une plaque de tôle garnie d'un crochet qui s'engage dans un piton scellé dans la partie supérieure de la cheminée ; lorsque toute la masse est en feu, on enlève cette plaque afin que la chaleur se répande dans l'appartement, et que le courant d'air moins actif n'accélère pas trop la combustion.

Le feu étant ainsi disposé, il suffira de jeter une seule fois dans la journée un peu de houille sur celle déjà enflammée, pour alimenter le foyer pendant douze à quatorze heures.

Il n'est que trop ordinaire qu'on charge la grille tout d'un coup et avec une pelle, et qu'on se serve indifféremment de houille grosse et menue; le vice de cette méthode est sensible : la flamme étant comprimée et ne trouvant pas d'issue par le haut de la grille est refoulée dans l'appartement, et entraîne avec elle de la fumée et une poussière noire très fine qui couvre les meubles et pénètre jusque dans les armoires, suivant qu'elle y est déterminée par le courant d'air.

Quelques personnes croient favoriser la

combustion en fourgonnant le feu; mais cette opération, en divisant et brisant la houille, la fait tomber dans les interstices, qui s'obstruent, ralentit la combustion, intercepte le passage de l'air, et occasione le refoulement de la flamme et de la fumée.

En général, il ne faut presque jamais toucher à un feu de houille, à moins que celle-ci ne s'agglutine trop et forme une voûte au haut de la grille, qu'on soulève alors légèrement et qu'on brise à l'aide d'un instrument de fer nommé *tisonnier*.

On reproche encore à la houille de donner un feu sombre et de brûler sans flamme. Cependant, lorsqu'elle est bien embrasée, elle donne une flamme assez brillante qu'on peut augmenter, si on le désire, en jetant sur la grille quelques morceaux de bois.

Il résulte une économie considérable du chauffage avec la houille, puisque avec 25 kilogrammes de houille on peut alimenter le feu depuis huit heures du matin jusqu'à dix heures du soir, tandis qu'un semblable feu, fait avec du bois, exige, pendant le même temps, 37 à 38 kilogrammes de ce combustible. Les 25 kilogrammes de charbon de terre, formant un demi-hectolitre environ, coûtent, à Paris, 1 franc 25 centimes, au lieu que les 37 kilogrammes de bois coûteront 3 francs ; c'est donc une économie de 58 pour 100 environ.

L'intensité de la chaleur produite par la houille est telle que, dans deux appartemens, l'un chauffé avec le bois, l'autre avec la houille, le thermomètre de Réaumur est monté à 10 degrés dans le premier, tandis qu'il a marqué 14 degrés dans le second, toutes circonstances égales d'ailleurs.

Le prix élevé des grilles et des poêles qu'on surcharge d'ornemens inutiles est un obstacle, pour le particulier économe, à l'adoption du chauffage avec la houille ; mais on peut construire à peu de frais une grille à charbon dans une cheminée déjà existante, et faire servir les poêles ordinaires à recevoir la houille, en y faisant quelques légers changemens.

Pour cet effet, M. de La Chabeaussière conseille de prendre onze barres de fer de 18 millimètres (8 lignes) en carré, et de 435 millimètres (16 pouces) de longueur, qu'on fait sceller de 55 millimètres (2 pouces) de chaque bout dans le mur de brique qu'on élève parallèlement aux côtés de la cheminée ; le poids de ces onze barres est de 18 à 20 kilogrammes.

On place six de ces barres parallèlement à 18 millimètres (2 pouces) les unes des autres pour former le fond de la grille, et à 216 millimètres (8 pouces) environ au-dessus de l'âtre ; on en dispose cinq autres les unes sur les autres au-dessus de la première, en laissant un intervalle de 8 lignes entre chacune d'elles, et en les posant sur la vive arête, ensuite on élève les murs de briques à la hauteur du manteau de la cheminée.

Il résulte de cette disposition un parallélogramme de 325 millimètres (12 pouces) de longueur, sur 216 millimètres (8 pouces) de hauteur, et 180 millimètres (6 pouces 8 lignes) de profondeur, élevé de 8 pouces au-dessus du sol. Cette grille, dont on peut varier les formes, est susceptible de recevoir 25 kilogrammes de houille, suffisant pour chauffer un appartement de 16 pieds en carré pendant douze à quatorze heures; pour plus d'économie on peut en réduire les dimensions d'un tiers.

On peut pratiquer dans les murs de revêtement des ouvertures ou petits jours carrés, qu'on séparera du foyer de la grille par une épaisseur de briques seulement; ils peuvent servir à divers usages.

Comme on n'a pris qu'une partie du renfoncement de la cheminée pour cette construction, on rejoindra le devant par un revêtement en briques disposé angulairement comme dans les cheminées à la *Rumford*. On fera sceller dans la partie supérieure de la cheminée un piton destiné à recevoir le crochet de la plaque de tôle mentionnée plus haut, et dont les dimensions doivent être égales à celles de la grille; cette plaque s'appuie sur le premier barreau de la grille.

On peut faire servir les poêles au même usage; mais, dans ce cas, il faut y ajouter un gril à pieds qui s'élève jusqu'au niveau de la porte du poêle. Au-dessus de ce gril on pratique une seconde porte, par laquelle on introduit la houille, qui doit être arrangée avec les mêmes précautions que dans les grilles des cheminées; quand le combustible est embrasé on ferme cette porte. La naissance du tuyau conducteur de la fumée devra être immédiatement au-dessus du gril.

La houille des cheminées et des poêles n'est en combustion qu'au bout d'une heure, mais on n'a plus besoin d'y toucher du reste de la journée.

On adapte à l'un des barreaux de la grille de la cheminée un crochet ayant la forme du chiffre 2, sur lequel on place une rondelle de fer destinée à supporter des pots, cafetières, etc., devant le feu ; mais comme l'activité de ce feu est telle qu'il a bientôt calciné les pots de terre, M. de La Chabeaussière conseille d'employer les vases de métal.

Un avantage précieux dans l'emploi de la houille c'est de garantir de toute crainte d'incendie, parce que la suie qu'elle produit et qui est plus dépouillée de parties inflammables que celle du bois ne s'attache guère aux parois des cheminées, ou retombe lorsqu'elle est trop amoncelée, sans prendre feu ; ainsi on n'a pas besoin de ramonner aussi souvent les cheminées ; les cendres de houille ne contenant point de carbonate de potasse ne peuvent servir aux lessives comme celles de bois ; on les emploie quelquefois pour fumer les terres.

On connaît deux espèces de houille, la houille grasse et la houille sèche, qui s'enflamment plus ou moins facilement; mais celle connue sous le nom d'anthracite ne brûle point. Pour en rendre l'usage plus commode, l'auteur conseille d'en faire des boules qui ont l'avantage de coûter moins de façon que les briquettes, mais qu'on doit briser en deux ou trois morceaux pour qu'elles s'enflamment plus facilement.

Pour faire des boules ou briquettes, on mêle de la houille menue avec de la terre argileuse, dans la proportion de 15 kilogrammes d'argile pour 80 kilogrammes de houille ; on y ajoute 20 kilogrammes d'eau, et on opère le mélange avec les pieds et les mains ; on en forme ensuite des boules de 4 à 6 pouces de diamètre ; un enfant peut en faire par jour 250, qui suffisent pour alimenter pendant huit à dix jours une grille des dimensions ci-dessus indiquées.

Il importe peu que ces boules soient sèches quand on les met au feu, car l'ardeur de ce feu a bientôt fait évaporer l'humidité qu'elles contiennent ; il en résulte le même effet qu'on remarque sur le foyer des forge-

rons, qui, en humectant leur feu, en concentrent la force. Ces boules produisent aussi un
très bon effet dans les poêles.

Malgré les frais de fabrication des boules,
on trouvera qu'il y a encore plus d'économie
à s'en servir que de la houille pure, et
qu'elles présentent autant d'avantages sous
le rapport de l'intensité de la chaleur. Un enfant, en moins d'un mois, peut préparer la
provision de six mois, et il est peu de localités où l'on ne trouve l'argile propre à la
fabrication.

Le grand avantage de dépenser moins et
de conserver le bois d'ailleurs si utile aux
constructions, aux usines et à la marine,
mérite bien qu'on s'occupe sérieusement de
consommer de la houille; ce serait même
un moyen de tirer un bon parti du produit
de nombre de houillères où la houille menue, et surtout celle qui ne s'agglutine pas
au feu, est regardée comme peu utile.

CHAPITRE IV.

Des moyens de Chauffage en général. — Des Cheminées ordinaires. — De Gauger. — En grotte, de M. de La Chabeaussière. — De Franklin. — De Désarnod. — De Curaudau. — De Rumford. — Rumford perfectionnées. — De M. Debret. — Dites perfectionnées. — Dites parisiennes. — Dites calorifères. — Anglaises perfectionnées. — Anglaise à foyer mobile. — A double foyer de Mansard. — Autre à double foyer. — A la prussienne. — A la Nancy. — A devanture de verre. — Moyen d'utiliser une plus grande partie de la chaleur des Cheminées. — D'empêcher l'odeur des Cheminées de cuisines de se répandre dans les appartemens.

ARTICLE PREMIER.

Des moyens de Chauffage en général.

Tout appareil de chauffage se compose en général d'un foyer où doit se faire la combustion, et d'un conduit ou tuyau pour l'évacuation de la fumée; il doit remplir les conditions suivantes : 1°. *produire le plus grand effet calorifique d'une quantité de combustible donnée; 2°. conserver l'air de l'espace échauffé, sain, respirable et sans mélange de fumée ou d'odeur désagréable.*

8

Pour remplir la première de ces conditions il faut donner à l'appareil la forme la plus propre à utiliser la chaleur développée par la combustion, et le construire avec des matières qui soient bonnes conductrices du calorique, si le foyer est renfermé, comme dans les poêles, ou qui possèdent le plus le pouvoir réflecteur, si le foyer est ouvert, comme dans les cheminées.

Pour satisfaire à la seconde condition, il faut que l'air de l'espace échauffé soit renouvelé de manière à fournir, en outre de l'air nécessaire pour alimenter la combustion, 16 mètres cubes d'air par heure pour chaque personne (*voyez* l'art. *Ventilation*, page 58), et que l'ouverture du canal qui doit livrer passage au courant d'air qui a servi à la combustion soit réglée de manière à ce que ce courant d'air puisse entraîner avec lui tous les produits gazeux qu'elle développe.

Nous ferons remarquer que la chaleur donnée par un foyer peut se répandre de plusieurs manières; 1°. par rayonnement; 2°. en traversant les parois de l'appareil ou celles du conduit du courant d'air qui a traversé le foyer.

D'après ces bases et les descriptions que nous donnerons des meilleurs appareils de chauffage, dont les résultats ont été constatés par l'expérience, il sera facile d'en faire construire de semblables, ou d'en composer avec les élémens que nous avons réunis, en les disposant pour les différentes localités.

ARTICLE II.

Des Cheminées ordinaires. (1) (Fig. 1 et 2, Pl. II.)

Les cheminées n'échauffent une pièce d'appartement que par *rayonnement*, et n'utilisent qu'une très faible portion de la chaleur développée par la combustion; il est facile de s'assurer, par l'expérience suivante, que la

---

(1) C'est pour nous conformer à l'usage que nous avons conservé au mot *cheminée* l'acception qu'on lui donne communément d'être l'endroit où l'on fait le feu dans une maison, une chambre, une pièce d'appartement, et où il y a un tuyau par où sort la fumée. Pour plus de clarté, nous diviserons par la suite les cheminées en deux parties bien distinctes, savoir: *le foyer*, qui est celle qui reçoit le combustible, où le calorique se dégage, et d'où il se répand dans la pièce à échauffer, et *le tuyau de la cheminée*, qui est le conduit servant à l'évacuation de la fumée et de tous les produits gazeux de la combustion.

chaleur rayonnante n'est qu'une très faible partie de la chaleur totale : si on approche la main d'un des côtés de la flamme d'une bougie à une très petite distance, on ne sentira que fort peu de chaleur, tandis que si on la met au-dessus, même à une distance assez grande, on pourra à peine l'y tenir. Or, dans une cheminée, toute la chaleur portée par la partie supérieure de la flamme, est entraînée par le courant d'air qui s'élève dans le tuyau dont l'ouverture présente généralement une surface beaucoup trop grande ; il s'établit un courant d'air ascendant si considérable, que l'atmosphère de la chambre est entraînée et renouvelée avant même d'être échauffée, et une cheminée dans ce cas est plutôt un ventilateur qu'un moyen calorifique.

En effet, un tuyau de cheminée présente ordinairement une surface de $0^{m\cdot},25$ ou un quart de mètre carré ; et en supposant que la vitesse moyenne du courant d'air chaud dans ce canal soit de 2 mètres par seconde, ce qui est très peu, il en passera par le conduit 0,50, ou un demi-mètre cube par seconde, 30 mètres cubes par minute, et 1800 mètres cubes par heure. Ainsi, l'air d'un appartement de 100 mètres cubes de capacité serait renouvelé en entier *dix-huit fois* pendant une heure. On conçoit qu'une telle circulation doit occasioner un refroidissement considérable.

Enfin, une expérience faite dans une chambre contenant 100 mètres cubes d'air, chauffée par une cheminée ordinaire, a donné pour résultat une élévation moyenne de température de 2 degrés et demi centigrades, et on avait brûlé 12 kilogrammes de charbon de terre ; ce qui, d'après les calculs, a démontré que le charbon avait donné plus de mille fois la quantité de chaleur qui serait nécessaire pour échauffer le même espace s'il n'y avait eu aucune déperdition. (1)

Les cheminées sont donc des appareils de chauffage bien imparfaits ; aussi depuis long-temps s'est-on occupé des moyens de les améliorer. Gauger fut le premier qui fit connaître, dans sa mécanique du feu, les moyens d'utiliser une plus grande quantité de calorique rayonnant, en faisant remar-

(1) *Nouveau Dictionnaire technologique*, 1823.

quer qu'un feu de cheminée pouvait échauffer une chambre par ses rayons directs et par ses rayons réfléchis, et que ceux-ci étaient entièrement perdus dans les cheminées ordinaires; il proposa de rétrécir le fond des cheminées et de leur donner une forme parabolique; il apporta encore d'autres perfectionnemens pour amener de l'air chaud dans les appartemens. Nous en parlerons en donnant la description des inventions de ce physicien, dont les idées ont été reproduites de nos jours comme des découvertes.

ARTICLE III.

Cheminées de Gauger (fig. 5, Pl. I).

Pour remédier en grande partie au défaut des cheminées à jambages parallèles et d'équerre sur le contre-cœur, Gauger a proposé de donner à chaque jambage la forme d'une demi-parabole, en plaçant les foyers F F de ces courbes à une distance de 22 pouces $(0^m,60)$ (qui est la demi-longueur d'une bûche à Paris), et il adopte cette forme, par la raison que tous les rayons qui partent du foyer d'une parabole se réfléchissent parallèlement à l'axe, de manière que si le feu

était placé à chaque centre des deux demi-
paraboles, la chaleur se réfléchirait dans la
chambre par des rayons parallèles, ce qui
est évidemment le cas le plus avantageux.

Il proposa en outre de revêtir de tôle, de
fer ou de cuivre poli, les surfaces paraboliques
afin de mieux réfléchir les rayons de calorique ; enfin, pour diminuer la masse d'air
entraînée par le courant ascendant et en
augmenter la vitesse, il prescrivit de réduire à 10 ou 12 pouces (0,30 à 0,33)
l'ouverture du tuyau de la cheminée ; et
pour régler le tirage, conserver la chaleur
pendant la nuit, éteindre le feu des cheminées, etc., il plaça à l'embouchure du tuyau
une trape à bascule.

Par ces dispositions, les dimensions de
l'enceinte du foyer étaient réduites, la ma-
jeure partie de la chaleur rayonnante était
réfléchie dans la chambre, et la quantité de
calorique entraîné par le courant d'air qui
s'élève dans le conduit de la fumée était considérablement diminuée ; ainsi Gauger avait
presque satisfait à la première condition du
problème ; aussi nous verrons que ces changemens dans nos foyers ont été proposés depuis par Rumford, avec quelques modifica-

tions, quand nous parlerons des foyers qui portent le nom de *Cheminées à la Rumford*.

Quant à la seconde condition il y satisfait complétement en laissant un espace entre la maçonnerie et les plaques de fer qui forment les parois intérieures de la cheminée, et dans lesquels il fait circuler de l'air amené de l'extérieur, qui, après s'être échauffé pendant sa circulation, se répand dans l'appartement par des ouvertures latérales formant bouches de chaleur. Ce moyen réunit le triple avantage de renouveler l'air de l'appartement, de l'échauffer par ce renouvellement, et de fournir de l'air chaud à l'embouchure de la cheminée, ce qui rend le courant ascendant beaucoup plus rapide, facilite l'évacuation de la fumée, et évite l'inconvénient de l'introduction de l'air extérieur par les fissures des portes et des fenêtres qui occasione des vents coulis. Enfin, pour activer la combustion et suppléer à l'usage du soufflet ordinaire, il place, sous le sol, un tuyau qui établit une communication directe entre l'air extérieur et le foyer ; l'air du dehors, puissamment appelé vers le lieu où se fait la combustion, produit l'effet d'un soufflet continue ; mais ce moyen a l'incon-

vénient très grave d'amener un courant
continuel d'air froid dans le voisinage du
foyer. (1)

(1) Ce soufflet vient de reparaître avec quelques
modifications sous le nom de *gardes-feu* et *chenets soufflans* (*), dans un mémoire qui vient d'être publié.
L'auteur, M. U. de Latour, propose de faire arriver
l'air extérieur dans le garde-cendre qu'on place ordinairement au-devant du foyer, au moyen de conduits
établis à cet effet, et de le faire verser sur le feu par
une ouverture pratiquée vers le milieu du garde-
cendre; une disposition analogue à celle-ci pourrait
être adaptée aux chenets ordinaires en y faisant quelques changemens que l'auteur indique. Ce moyen,
considéré comme pouvant remplacer les soufflets ordinaires, ne remplit pas l'objet qu'on se propose, parce
que plus la combustion sera vive, plus la vitesse du
courant d'air dirigé sur le feu sera grande, par conséquent la combustion sera d'autant plus excitée
qu'elle en aura moins besoin; le contraire arrivera
précisément lorsqu'on allumera le feu, c'est-à-dire
qu'au moment où le *vent* sera le plus nécessaire il
n'en arrivera pas, parce qu'il y aura trop peu de différence entre la température de l'air intérieur et celle
de l'air extérieur pour que la vitesse du courant d'air
soit sensible; mais ce moyen, considéré comme étant
destiné à renouveler l'air de l'appartement, et à four-

(*) Gardes-feu et chenets soufflans, brochure in-8 de
32 pages. A Paris, chez madame Lévi, libraire, quai
des Augustins, n° 35.

Le rétrécissement dès foyers étant avantageux sous beaucoup de rapports, on pourrait faire aux anciennes cheminées les changemens indiqués par Gauger, en y apportant
quelques modifications que nous allons indiquer.

Il est à remarquer que Gauger conservait
encore à ses cheminées de grandes dimensions, et qu'il supposait que la combustion
avait lieu en deux points de son foyer, dis-
tans entre eux de 22 pouces (60 cent.); cette
supposition était loin de la réalité, il est plus
exact d'admettre que la combustion se fait
sur un seul point situé au milieu de l'âtre;
dans ce cas, au lieu de deux demi-paraboles
raccordées par la surface plane du contre-
cœur, on aurait une seule et même courbe
abc (*fig.* 5, *Pl. I*), et tout ce qui enveloppe
le foyer aurait la forme nécessaire pour pouvoir réfléchir toute la chaleur rayonnante
de la partie postérieure du foyer qui se trou-

___

nir celui nécessaire à la combustion, est préférable à
beaucoup de procédés employés par les fumistes,
parce que l'air peut arriver échauffé dans le voisinage
du foyer.

verait plus avancé dans la chambre et placé
en F'. Une autre modification non moins
importante à faire, serait d'adopter, au lieu
d'une surface parabolique, la forme d'une
niche en paraboloïde de révolution.

Pour être entendu de tous les lecteurs,
nous allons faire connaître le tracé et les
propriétés de la parabole.

La parabole est une courbe (*fig.* 15, *Pl. I*)
dont tous les points sont également éloignés
d'un point fixe F, qu'on appelle *foyer*, que
d'une droite X Z dont la position est connue
et qu'on nomme *directrice*, c'est-à-dire que
pour chaque point M, par exemple, menant
la ligne M H perpendiculaire sur X Z, on
aura toujours F M égale à M H.

Si du point M on abaisse une perpendiculaire sur F H, l'angle F M O sera égal à l'angle O M H, qui lui-même est égal à R M N;
d'où il suit que l'angle F M O est égal à l'angle
R M N; ainsi donc, un rayon incident F M
partant du point F et arrivant en M, sur la
concavité de la courbe, se réfléchira suivant
la direction M R parallèle à l'axe A P de la
courbe. En faisant la même construction pour tout autre point que le point M,

on obtiendra toujours, pour la direction du rayon réfléchi, une parallèle à l'axe A P.

Cette propriété de la parabole a fait appliquer la forme de cette courbe aux réflecteurs des phares, des lanternes, etc., pour recevoir la lumière émanée d'un foyer et la réfléchir en un faisceau de rayons parallèles à l'axe au lieu de les renvoyer suivant une foule de directions divergentes.

Nous sommes étonnés que ces réflecteurs dits *paraboloïdes*, parce qu'on leur donne la figure d'une parabole qui tourne sur son axe, n'aient point été appliqués plus souvent au foyer des cheminées, pour réfléchir toute la partie du calorique rayonnant, qui se trouve perdu dans les foyers ordinaires; Gauger avait cependant mis sur la voie; et la réduction dans les dimensions des foyers de cheminées, apportée depuis ce savant, aurait dû amener à l'application d'une propriété connue depuis long-temps, et dont tous les physiciens se servent dans la démonstration du rayonnement du calorique et de sa réflexion sur les surfaces brillantes. (*Voyez* page 11.)

Le peu d'habitude qu'ont en général les

praticiens de faire des tracés géométriques,
est sans doute la cause que cette forme n'ait
pas reçu un plus grand nombre d'applications dans la construction de nos foyers ;
pour aplanir cette difficulté, nous allons
donner des procédés pratiques très simples
de tracer une parabole d'après des dimensions
données et d'après lesquels on pourra disposer des patrons ou gabaris qui serviront à
régler, en les appliquant sur la maçonnerie,
la forme à donner aux foyers.

Tracé de la Parabole.

Soit X Z (*fig.* 15, *Pl. I*) la directrice, et
F le foyer de la courbe ; par un point H pris
à volonté sur la ligne X Z, abaissez la perpendiculaire H R, joignez les points F et H,
et divisez cette ligne F H en deux parties
égales en O ; par ce point et perpendiculai-
rement à F H, menez la ligne O T, le point
M de rencontre avec la ligne H R, appar-
tiendra à la courbe. En effet, par cette construction, le triangle F M H est isocèle, et
F M égale M H.

Moyens de décrire une parabole par un mouvement
continu .

Sur une droite fD prise pour axe (*fig.* 14, *Pl. I*), faites $f a = a \, \mathrm{F} = \frac{1}{4} \, a$, fixez au point f une règle D B qui coupe l'axe fD à angles droits ; à l'extrémité C d'une autre règle E C, attachez un fil fixé au foyer F, par son extrémité opposée ; ensuite faites mouvoir la règle C E B le long de D E , en tenant toujours le fil F C M tendu par le moyen d'un crayon ou d'une pointe M , qui décrira une parabole.

M: de La Chabeaussière a réalisé ces idées en faisant construire sa cheminée *grotte* dont nous donnons ci-après la description.

ARTICLE IV.

Cheminée en grotte de M. de La Chabeaussière. (1)

« M. de La Chabeaussière a fait construire, dans le local où la Société d'Encouragement tient ses séances, une cheminée que l'auteur nomme *cheminée grotte*, et qui est destinée à brûler de la houille. Elle est construite

_____

(1) *Bull. de la Soc. d'Encour.*, quinzième année.

d'une seule pièce en terre crue, malaxée avec de la bourre, de manière qu'en la plaçant dans une autre cheminée de construction ordinaire elle peut servir sur-le-champ. La terre se cuit peu à peu par le feu qu'on y fait. Elle présente un vide parabolique de 21 pouces de hauteur sur 14 de large et 6 d'enfoncement. Les parois ont 3 pouces d'épaisseur. La fumée est aspirée par une ouverture de 3 à 4 pouces de diamètre, pratiquée à son sommet sur le devant.

« Le combustible se place sur une grille de fer isolée, dont le sol est cintré comme le vide de la cheminée ; un grillage perpendiculaire à retour d'équerre, est adhérent à la grille plate : ce retour a 4 pouces de hauteur. Trois pieds, de 5 pouces et demie de hauteur, soutiennent cette grille, et forment un espace propre à recevoir un grand courant d'air et à contenir les cendres, qui peuvent être recueillies dans une capsule mobile posée sur l'âtre.

« Un souffleur ordinaire en tôle est fixé près la barre du manteau de la cheminée.

« Il est reconnu, dit le rapporteur de la commission chargée d'examiner cette cheminée, que de toutes les formes adoptées jusqu'à présent pour la construction des cheminées propres à brûler le charbon de terre, celle-ci paraît une des meilleures.

« Elle offre d'ailleurs un grand avantage par la facilité qu'on a de la placer et de l'ôter à volonté, sans avoir besoin d'un maçon pendant plus d'une heure, si l'on ne veut pas la placer soi-même. Dans tous les cas, les frais de construction ne peuvent pas dépasser 4 à 5 francs, non compris la grille qui coûte 6 francs en fer forgé, et un tiers de moins en fonte.

« Avec 20 briquettes de houille qui coûteront au plus 75 à 80 centimes, ou 15 à 16 livres (8 kilogrammes) de charbon de terre pur, on peut se procurer un très bon feu durant 12 à 15 heures.

« En augmentant les proportions d'une semblable cheminée, la construisant en briques cimentées avec de la terre argileuse, et en conservant la forme parabolique, on pourrait y brûler du bois mis sur des chenets, ou un mélange de bois, de houille et de briquettes, ainsi qu'on le fait dans plusieurs grandes maisons qui ont adopté ce mé-

lange, comme procurant une chaleur plus
forte.

« Si l'on ne voulait pas se renfermer dans
une stricte économie, et donner encore plus
de solidité à la grotte, on pourrait la faire
couler en fonte, et en y adaptant par des
agrafes deux plaques de même métal pour
remplir la face antérieure des cheminées déjà
établies où l'on voudrait la poser ; un peu
de terre argileuse colorée en noir par du
molybdène (ou toute autre substance), fermerait les interstices qui pourraient exister
entre ces plaques. Dans ce cas, et pour tirer
un meilleur parti du calorique qui traverse
si facilement les pores du fer, l'auteur propose de construire derrière la grotte et les
plaques un massif en briques, à deux pouces
de distance et de même forme, lequel fermé
à la partie supérieure ne permettra pas au
calorique dégagé dans cet intervalle de communiquer avec le tuyau de la cheminée. Ce
calorique pourra être refoulé dans l'appartement à l'aide d'une ouverture pratiquée au
bas d'une des plaques, ou même des deux.

« Cette nouvelle cheminée serait susceptible de recevoir des ornemens comme celles

employées en Belgique , et serait moins coûteuse.

« L'aspiration de la fumée par le tuyau ou souffleur se fait avec tant de force qu'elle ne peut point refluer dans l'appartement, non plus que les cendres du charbon de terre, si nuisibles à la propreté des meubles. L'activité de ce tirage est bien moins entretenue par l'air de l'appartement que par deux ventouses placées sous le manteau de la cheminée ; aussi l'on n'a pas l'inconvénient d'avoir les talons glacés en se chauffant le devant du corps.

« Ces deux ventouses, d'un très-petit diamètre , fournissent deux colonnes d'air froid qui arrive avec un mouvement d'autant plus rapide , que le foyer dégage plus de chaleur et met plus tôt en expansion le volume d'air surabondant au besoin du combustible.

« Une portion de cet air dilaté tourne au profit de l'appartement, mais une autre partie est entraînée avec la fumée, par un mouvement un peu trop rapide ; dans la cheminée, d'où elle s'élève jusqu'au faîte sans être contrariée par les deux petites colonnes d'air froid qui se sont établies d'elles-mêmes dans l'intérieur du large tuyau vertical. Peut-être éprouverait-elle plus d'opposition si la cheminée était fortement dévoyée. L'auteur a depuis établi une autre cheminée, dans laquelle il a remplacé le souffleur par une ouverture de 14 pouces de long sur 3 à 4 pouces de large, pour le passage de la fumée; il a supprimé en même temps les deux ventouses. D'après cette modification, l'air de l'appartement entretient presque seul la combustion; aussi la houille devient-elle plus difficile à allumer, et peut répandre un peu d'odeur dans la pièce, si l'on n'apporte pas les plus grands soins dans l'arrangement du combustible. (1)

« Dans le premier cas où le courant d'air froid est trop accéléré par les ventouses pour permettre l'expansion complète de l'air chaud dans l'appartement, il est facile de le modérer à l'aide d'un registre, ou en en supprimant une, et prolongeant celle qui resterait, jusqu'à la base du foyer, à l'aide d'un tube

---

(1) Ce foyer, ainsi modifié, serait très propre à brûler du coke, qui ne donne ni mauvaise odeur ni fumée. (*Note de l'auteur* du Manuel.)

de fer. Ce moyen pourrait peut-être remédier-
complétement au léger inconvénient qui résulte d'une trop grande quantité d'air froid.

« Quelques personnes objecteront à l'auteur que la construction de sa cheminée n'en
permet pas le ramonage ; mais il en coûtera
si peu de soins et de dépenses pour la démonter et déplacer quelques briques, que cette
objection n'en peut pas plus empêcher l'u-
sage que celui d'un poêle dont on ôte presque
toujours les tuyaux pendant l'été. »

Pour éviter l'inconvénient de l'introduction de l'air par les fentes des portes et des
fenêtres qui occasione un refroidissement
dans les appartemens, et pourvoir au remplacement de l'air qui monte dans le tuyau
de la cheminée, il faut, comme le propose
M. de La Chabeaussière, réserver un espace
derrière le foyer, y faire entrer l'air extérieur, qui s'échauffe en circulant dans cet espace, et le faire sortir chaud dans l'appartement au moyen de bouches de chaleur;
mais il est à remarquer que, dans ce cas, la
forme parabolique perd de son importance.

Après avoir fait connaître les modifications
apportées par Rumford, nous reviendrons sur

celles qu'on pourrait faire subir aux cheminées ordinaires, en adoptant le principe du renouvellement de l'air par de l'air chaud, modifications qui nécessitent des changemens plus considérables dans les cheminées, par conséquent plus de dépense, et qui, pour cette raison, ne pourraient être généralement accueillies.

Au reste, les cheminées, à quelque degré de perfection qu'on les fasse arriver, seront bien inférieures aux poêles ou cheminées de métal placés isolément dans les appartemens; et il demeure certain que l'on ne parviendra à utiliser la plus grande quantité de chaleur possible qu'au moyen de calorifères bien construits.

ARTICLE V.

Cheminée de Franklin.

Le célèbre Franklin, bien convaincu de l'imperfection des cheminées ordinaires, se proposa d'y remédier en faisant construire un appareil connu sous les noms de *cheminée à la pensylvanienne* ou de *chauffoir de Pensylvanie*, dans lequel la fumée parcourt un long trajet dans l'intérieur même du chauffoir, et dépose ainsi une partie du calorique qu'elle entraîne en s'échappant ; il ajouta à cet avantage celui de renouveler l'air de l'appartement par un courant d'air chaud.

Cet appareil est une espèce de caisse en fonte *erzy* (*fig.* 17 et 18, *Pl. III*), dont on a enlevé le devant pour laisser *voir le feu*, et qu'on place dans une cheminée ordinaire. Dans l'intérieur de cette caisse, et à une distance de 3 à 4 pouces du fond, *z y*, s'élève un réservoir a' b' c' d', également en fonte, (*fig.* 17), dont la coupe, suivant la largeur de la cheminée, est représentée par les mêmes lettres (*fig.* 18), formant contre-cœur et destiné à recevoir l'air extérieur par l'ouverture inférieure t, t', et à le verser chaud dans la chambre par l'ouverture supérieure u (*fig.* 18).

Ce réservoir ne s'élève pas jusqu'à la hauteur de la plaque supérieure x, un espace de 2 à 3 pouces est ménagé pour laisser passer la fumée qui, arrivée là, et ne trouvant pas d'autre issue, tourne par-dessus le sommet du réservoir, et descend par-derrière en suivant le passage $b y$, entre la plaque du fond de la caisse et le dos du réservoir ; les plaques du réservoir en s'échauffant communiquent leur chaleur au courant d'air qu'il contient; et pour que celui-ci acquierre une température assez élevée avant de se répandre dans la chambre, on l'oblige à faire plusieurs circonvolutions, ainsi que l'indique la direction des flèches placées dans les séparations $i\,k$, $l\,m$, $n\,o$, $p\,q$, $r\,s$ (*fig.* 18), pratiquées dans le réservoir.

La fumée, après son mouvement descendant, trouve au bas du fond une ouverture y, et reprend sa direction ascendante dans le canal $y\,z$, qui la conduit dans le tuyau de la cheminée.

Pour éviter toute communication entre la chambre et la cheminée, il faut fermer par une cloison l'espace compris entre la plaque supérieure x, de la caisse de fonte, et le dessous de la tablette f. Et afin de pouvoir faire monter le ramoneur dans le tuyau de la cheminée, il faut pratiquer dans cette cloison une grande ouverture qu'on fermera au moyen d'une trape à bascule c', qui doit être placée de manière qu'en l'ouvrant et appuyant son extrémité supérieure sur le contre-cœur de la cheminée, elle ferme l'espace $y\,z$, en sorte que la suie que le ramoneur fait tomber arrive sur la partie x et n'entre pas dans les canaux de circulation de la fumée.

Cet appareil utilisant une plus grande quantité de chaleur dégagée par la combustion, offrait une économie qu'on peut évaluer à la moitié du combustible qu'exige une cheminée ordinaire ; et comme il jouit en outre de la propriété d'amener un air nouveau dans l'appartement sans causer de refroidissement, il fut reçu du public avec empressement ; mais on éprouva, à cette époque, quelques difficultés pour faire fondre les différentes pièces qui le composent, et l'on doit depuis à *Désarnod* d'en avoir facilité l'exécution, et d'y avoir fait des améliorations qui en ont répandu l'usage. (Voyez ci-après les cheminées à la Désarnod.)

Il est un préjugé que Franklin s'est efforcé de détruire et que nous devons rapporter ici, c'est qu'on croit généralement que les poêles de fer répandent une odeur désagréable et sont malsains. Franklin dit, que si on s'est plaint de la mauvaise odeur répandue par ces poêles, elle ne peut provenir du fer même, mais de la malpropreté dans laquelle on tient les poêles en général. Pour les tenir propres il suffit de les nettoyer avec une brosse trempée dans une lessive faite avec des cendres et de l'eau ou avec une bonne eau de savon.

Le fer chaud ne donne point de mauvaise odeur; en effet, les forgerons des fourneaux de forge, qui versent ce métal en fonte pour le mouler, n'en ont jamais senti la moindre odeur : cela est constaté par la bonne santé dont jouissent ceux qui travaillent le fer, comme les forgerons, les serruriers, etc.; le fer est même très salutaire au corps humain : c'est une vérité reconnue par l'usage des eaux minérales, par les bons effets de l'usage de la limaille d'acier dans plusieurs maladies, et par l'expérience que l'on a, que l'eau même des serruriers, où ils trempent leurs fers chauds, est avantageuse à la santé du corps.

Le savant Désaguliers rapporte une expérience qu'il a faite pour éprouver si le fer chaud exhalait quelques vapeurs malsaines. Il prit un cube de fer, percé de part en part d'un seul trou, et après l'avoir poussé à un degré de chaleur très élevé, il y adapta tellement un récipient épuisé d'air par la machine pneumatique, que tout l'air qui rentrait pour remplir le récipient, était obligé de passer par le trou qui traversait le fer chaud ; il mit alors dans le récipient un petit oiseau qui respira cet air sans donner le moindre signe de malaise.

En 1788, la Société royale de médecine, dans un rapport sur les foyers de Désarnod, qui sont également en fonte, termine ainsi son rapport au sujet de l'insalubrité attribuée à ce métal : « Nous pouvons assurer avec vérité, que dans les chambres où nous avons vu ces foyers en expérience, quoiqu'on eût fermé toutes les ouvertures, nous n'avons senti aucune émanation qu'on pût attribuer à la fonte. Bien plus, quoique dans l'un de ces âtres on brûlât du charbon de terre non épuré et absolument chargé de tout son bitume, nous n'avons nullement senti l'odeur de ce charbon. »

Enfin M. Thenard, dans un rapport fait à l'Institut dans le troisième trimestre de 1820, prouve que l'usage des tuyaux de poêle en tôle, et même ceux de cuivre, sont sans danger pour la santé.

ARTICLE VI.

Cheminée de Désarnod.

Les cheminées de Désarnod (*fig.* 1 , 2 et 3, *pl. III*), connues sous le nom de *foyers économiques et salubres.*, sont construites en fonte et établies sur les principes du chauffoir de Pensylvanie de Franklin; elles n'en diffèrent qu'en ce qu'il y a, dans le foyer de Désarnod, en outre du réservoir vertical à air, un second réservoir horizontal, placé sous l'âtre et destiné à augmenter la quantité d'air chaud répandu dans l'appartement, ainsi que dans quelques perfectionnemens apportés dans la disposition et la construction des différentes pièces qui composent l'appareil, et au moyen desquels on peut le monter et le démonter avec beaucoup de facilité, pour le transporter d'un lieu dans un autre par pièces détachées.

Le réservoir à air horizontal forme la base de la cheminée; il est placé dans une boîte comprise entre les plaques A B et C D. La première est posée sur des tasseaux en briques qui permettent à l'air extérieur d'arriver par un conduit établi sous le plancher, et de circuler librement sous la cheminée. Cet air passe ensuite par des ouvertures O O, pratiquées dans une plaque située entre celles A B et C D, et suit plusieurs sinuosités, kl, lk, formées par des séparations verticales et parallèles, au moyen de lames en fonte; après ce trajet, il s'introduit entre deux autres plaques, xx, formant un réservoir vertical placé dans l'intérieur de ces cheminées, d'où il s'échappe chaud par deux ouvertures pratiquées latéralement et correspondant avec le réservoir xx, pour se répartir dans plusieurs cylindres verticaux, yyy, établis à l'extérieur sur deux des côtés, et desquels il sort pour se répandre dans l'appartement par des bouches de chaleur garnies d'un couvercle à charnière qu'on peut ouvrir ou fermer à volonté.

Pour régler l'accès de l'air et en diriger à volonté un courant plus ou moins rapide, sur la combustion, comme on le ferait avec un soufflet, deux plaques P et Q, mobiles et glissantes dans des rainures, sont placées sur le devant de l'appareil et sont haussées ou baissées au moyen d'une manivelle M, fixée à l'axe d'un cylindre sur lequel s'enroule une chaîne qui suspend les plaques mobiles, et qui sont arrêtées à la hauteur voulue par une roue à rochet.

La fumée, comme dans le chauffoir de Franklin, s'élève jusqu'à la plaque supérieure de l'appareil, passe derrière le réservoir vertical xx, et descend jusqu'à la base, où elle trouve, à droite et à gauche, deux ouvertures par lesquelles elle s'échappe en passant par deux tuyaux qui se réunissent en R, pour arriver dans celui de la cheminée en maçonnerie.

Un registre z, placé entre le fond et le réservoir xx, est dirigé par un régulateur, règle l'ouverture du passage de la fumée, modère aussi l'activité de la combustion, tout en laissant voir le feu, et sert, conjointement avec les plaques à coulisse, à intercepter toute communication entre l'air de la chambre et le dehors, par le canal de la cheminée, soit pour conserver la chaleur, soit pour arrêter les progrès d'un incendie.

Des saillies réservées dans l'intérieur des plaques latérales de la cheminée permettent d'y placer une grille, de sorte qu'on peut y brûler de la houille ou du bois.

Cette construction a un inconvénient, c'est que les parois latérales doivent être remplacées au bout de quelques années, parce qu'elles se trouvent constamment en contact avec le feu, qui élève la fonte à une haute température, et leur épaisseur n'est pas assez forte pour résister à une action qui se renouvelle chaque jour. Pour éviter cet inconvénient et faire disparaître les cylindres qui compliquent et qui embarrassent les abords de l'appareil, on les a supprimés et remplacés par une double enveloppe, en laissant un espace de quelques pouces entre elle et la première, et dans laquelle l'air amené de l'extérieur circule et se répand ensuite dans la chambre au moyen d'ouvertures latérales formant bouches de chaleur. Il résulte de cette disposition un avantage, qui est de prolonger la durée des appareils, parce que les plaques, par l'effet de la circulation de l'air pris extérieurement et qui les frappe constamment, sont maintenues à une température moins élevée, et telle qu'elle ne peut pas altérer la fonte, comme cela avait lieu avant cette modification.

Les cheminées de Désarnod peuvent se placer dans l'intérieur des cheminées ordinaires ; mais, pour utiliser une plus grande quantité de la chaleur des combustibles, elles doivent être en entier dans l'intérieur des chambres ; si on les éloignait assez du corps de la cheminée ordinaire, en y adaptant une longueur de tuyaux assez grande pour que la fumée en sortît constamment au-dessous de 100 degrés, la chaleur utilisée équivaudrait à peu près aux neuf dixièmes de celle développée par la combustion.

Dans leur état ordinaire, d'après les expériences comparatives qui ont été faites (*voy.* chap. XI), pour 100 kilogrammes de combustible brûlés dans une cheminée ordinaire, on n'en a brûlé que 33 kilogrammes pour obtenir la même température ; ainsi la cheminée de Désarnod économise les deux tiers du combustible.

ARTICLE VII.

Cheminée de Curaudau.

La cheminée de Curaudau, représentée (*fig.* 8, *pl. III*), se compose d'un foyer A, dont le rétrécissement vers la partie supérieure est destiné à conduire les produits développés par la combustion dans un fort tuyau de fonte, B C; arrivés là, le courant gazeux se divise en deux parties, pour parcourir ensuite et successivement, de haut en bas, les divers conduits qui y sont pratiqués avant de parvenir au tuyau principal M. L'air, par son contact avec toutes ces surfaces métalliques, s'échauffe dans les espaces P, P, P, et se répand dans la chambre par des bouches de chaleur.

Les expériences comparatives faites par le bureau consultatif des arts ont démontré que 33 kilogrammes de combustible brûlés à la cheminée de Curaudau donnaient autant de chaleur que 100 kilogr. brûlés dans une cheminée ordinaire. (*Voyez* chap. XI.)

Deuxième Cheminée de Curaudau.

Séparer entièrement le foyer où se fait la combustion, du tuyau qui sert à concentrer le calorique, en ayant soin de donner aux parois du foyer l'inclinaison la plus propre à réfléchir la chaleur rayonnante et à diriger les gaz dans un tuyau central; porter dans le système des tuyaux de tôle la facilité de l'emboîtement et la distribution nécessaire pour retenir toute la chaleur, et la transmettre promptement; enfin, conserver aux cheminées leur forme ordinaire, tel est le but que s'est proposé l'auteur, en plaçant sa cheminée dans une autre en maçonnerie derrière une glace, après en avoir recouvert le parquet d'un tissu. Par cette disposition, l'air qui se trouve échauffé dans l'espace que la glace recouvre, est continuellement déplacé et renouvelé.

ARTICLE VIII.

Cheminée à la Rumford. (1) (Pl. II.)

Le moyen employé par Rumford consiste à diminuer la profondeur de la cheminée, afin de placer le foyer en avant et le mettre

---

(1) Pour disposer à la Rumford une cheminée ordinaire, on donne 17 fr. à l'entrepreneur des travaux du gouvernement.

dans une position propre à envoyer dans la chambre la plus grande quantité de calorique rayonnant, de donner aux faces latérales ou jambages une obliquité telle que les rayons directs qu'elles reçoivent se réfléchissent dans l'intérieur de l'appartement ; enfin de rétrécir l'ouverture inférieure du tuyau de la cheminée, pour déterminer un plus grand tirage, et empêcher la cheminée de fumer.

Soit A C D B (*fig. 1, pl. II*) l'intérieur d'une cheminée ordinaire, au lieu de disposer les côtés A C et B D parallèlement entre eux, et perpendiculaires au contre-cœur C D, il leur donne une obliquité telle que ces côtés fassent avec ce contre-cœur un angle de 135 degrés (un angle droit et demi).

Par cette disposition le contre-cœur, ou la plaque *i k* (*fig.* 3), se trouve réduit à peu près au tiers de la largeur primitive du fond de la cheminée, ou de celle que conserve encore sa partie antérieure *a b*, à laquelle on ne change rien. Il est facile de voir que la portion de chaleur rayonnante qui vient frapper les jambages obliques *a i* et *b k*, est réfléchie dans la chambre.

En portant en avant le contre-cœur de la cheminée, on porte en même temps le foyer du côté de la chambre, et on rétrécit l'ouverture de la gorge *d e* (*fig.* 6). Cette réduction, d'après un grand nombre d'expériences, doit être seulement de 4 pouces pour les cheminées de dimensions ordinaires, et de 4 pouces et demi à 5 pouces pour les cheminées destinées à chauffer de très grandes pièces, soit qu'on y brûle du bois, de la houille ou de la tourbe.

Rumford fait remarquer qu'on pourra trouver extraordinaire que pour des cheminées de dimensions beaucoup plus grandes, il prescrit d'augmenter à peine la profondeur de la gorge ; mais il assure qu'il a vu de ces sortes de cheminées réussir parfaitement en ne leur laissant que 4 pouces ; d'ailleurs il faut faire attention que la capacité de l'entrée du tuyau de la cheminée ne dépend pas seulement de sa profondeur, mais bien de ses deux dimensions prises ensemble, et que dans les grandes cheminées la longueur de l'ouverture est plus considérable.

Pour donner passage au ramoneur qui doit monter dans la cheminée par la gorge *d e*

(*fig.* 6, *pl. II*), Rumford fait pratiquer
dans le milieu du massif *m c k l*, et à une
distance de 10 à 11 pouces au-dessous de la
gorge ou du manteau, une ouverture d'environ un pied de largeur; mais comme ce
passage augmenterait en cet endroit la profondeur de la gorge, il le fait recouvrir en
maçonnerie sèche, de briques ou de pierres
taillées exprès; et chaque fois qu'on veut faire
le ramonage on enlève ces pierres, qu'on re-
place ensuite avec beaucoup de facilité.

Pour éviter cette opération, on peut placer
à la gorge *d e* (*fig.* 13, *pl. II*) de la cheminée,
un registre à bascule, ou trappe de tôle ou
de fer coulé, fixée à charnière en E, de sorte
qu'on peut augmenter ou diminuer à volonté
l'ouverture du passage de la fumée. Ce
moyen présente encore l'avantage de pouvoir
retenir la chaleur dans la chambre lorsque
le feu est éteint, en fermant entièrement
cette trappe. (*Voyez* l'article vii, *Trappes à*
bascule, chap. VI.)

Le nouveau contre-cœur ou massif *c*, *m*,
k, *l* (*fig.* 6, *pl. II*), ainsi que les nouveaux
jambages latéraux, doivent être élevés jusqu'à
5 ou 6 pouces au-dessus du point V, où com-

mence le tuyau vertical de la cheminée, et leur maçonnerie, suivant l'auteur, doit être terminée horizontalement pour éviter le refoulement de la fumée, parce que, dit-il, il est beaucoup plus difficile au vent qui descend de trouver et de forcer son chemin par le passage étroit qui se présente, lorsqu'aucune inclinaison n'y conduit.

Rumford fait arrondir la partie antérieure *d a* de la gorge (*fig.* 14), au lieu de la laisser plate, et dit qu'il faut faire en sorte qu'elle présente une surface lisse et sans aspérités.

Il recommande aussi de revêtir les parois de ses cheminées d'un crépissage qu'on rendra lisse et poli et qu'on conservera blanches, ou qu'on peindra en blanc, afin d'obtenir le plus de chaleur réfléchie possible, et de se bien garder d'y mettre une couche de noir, comme on le fait ordinairement, cette dernière couleur absorbant tous les rayons de calorique qui frappent la surface qui en est enduite (*voyez* page 12); il ne faut laisser en noir que les parties qui sont atteintes par la fumée, et qu'il est impossible de conserver blanches.

Depuis quelque temps on emploie, pour

garnir les jambages, des carreaux en faïence blanche ; ce moyen est fort bien entendu, d'abord à cause que la surface des carreaux est blanche et bien·polie, et qu'en outre la faïence est une substance qui est un des plus mauvais conducteurs de la chaleur.

Ce revêtement en faïence devrait être adopté dans toutes les cheminées bien construites : il est peu coûteux, très durable, donne un aspect de propreté au foyer, et remplit parfaitement bien l'objet qu'on se propose. S'il arrive que quelques parties de ces carreaux soient noircies par la fumée, en les lavant on les fera redevenir blanches.

Rumford indique l'emploi des chenets pour brûler du bois, mais dans beaucoup de foyers on les remplace par des massifs de maçonnerie *m m* (*fig. 4, Pl. II*) de 4 à 5 pouces d'é-·lévation au-dessus de l'âtre, entre lesquels on réserve une ouverture V d'environ un pied (un peu moins que la longueur du bois scié) pour donner passage, par-dessous le combustible, au courant d'air qui doit alimenter la combustion, qui, se trouvant resserré dans ce canal, acquiert une très grande vitesse et entretient le feu toujours clair.

Pour utiliser une plus grande quantité de calorique rayonnant dans les appartemens, on prend le soin d'entretenir la combustion sur la partie antérieure seulement des bûches, en couvrant de cendres toute la portion de surface qui est tournée vers le contre-cœur de la cheminée.

D'après tout ce qui précède, il est facile de voir que Rumford a travaillé sur les idées de Gauger, qui conseillait le rétrécissement des foyers en leur donnant la forme la plus propre à augmenter la quantité de chaleur rayonnante dans l'appartement, et qui prescrivait la réduction des dimensions du tuyau de la cheminée, afin de diminuer la consommation de l'air qui se trouvait entraîné avec le courant de la fumée. On doit cependant à Rumford d'avoir fait un grand nombre d'expériences qui ont fait adopter les changemens qu'il a proposés et qui procurent, sur les cheminées ordinaires, une économie d'environ les trois cinquièmes du combustible. (*Voyez* les expériences faites sur différens appareils de chauffage, chap. XI.)

Tracé des Cheminées à la Rumford.

Soit A C D B (*fig.* 3, *pl. II*) le plan d'un foyer ordinaire ; joignez les points A et B par une ligne droite, sur le milieu de laquelle vous éleverez la perpendiculaire *c d*, qui rencontrera le milieu *d* du contre-cœur.

On appuiera un fil à plomb sur la face antérieure de la gorge en *d*, *fig.* 5, et immédiatement au-dessus de la ligne *c d*, *fig.* 3 ; et on marquera le point *e*, où le plomb tombera.

Du point *e* vers celui *d*, on portera en *f*, une distance de 4 pouces qui sera l'endroit où doit être placé le nouveau contre-cœur.

Par le point *f*, on menera la ligne *g h* parallèle et égale au tiers de A B, ce qui donnera les points *k* et *i* ; par ces points, on menera les lignes droites *k* B et *i* A, qui détermineront les directions des jambages.

Si on voulait disposer la cheminée pour recevoir une grille à brûler de la houille, on déterminerait la longueur de la ligne *k i* en portant de *f* en *k* d'un côté, et *f* en *i* de l'autre, la moitié de la distance *c f*. Si la largeur A B est à peu près le triple de la

largeur du contre-cœur *i k*, on ne changera
rien à cette ouverture, et il faudra joindre
i a et *k b*, pour avoir les directions des jambages. Si la distance AB est plus grande que
trois fois le nouveau contre-cœur, il faudra
la réduire de cette manière : du point *c*, milieu de AB, on prendra *c a* et *c b* égales à une
fois et demie la largeur du contre-cœur *i k;*
et on menera des lignes de *i* en *a* et de *k*
en *b*, qui indiqueront la direction des jambages.

On placera ensuite la grille, dont les dimensions, pour une chambre de grandeur
moyenne, doivent être de 6 à 8 pouces de
largeur, ainsi que l'indique les *fig.* 7, 8 et 9,
pl. II. — L'épaisseur du front de la cheminée en *a*, *fig.* 9, n'étant que de 4 pouces,
si l'on en ajoute 4 pour le vide du canal,
la profondeur *b c* du foyer ne serait que de
8 pouces, ce qui ne suffirait pas; on a donc
pratiqué une niche *c e*, pour recevoir la
grille.

Comme il arrive souvent qu'on n'a pas
d'instrumens pour faire un angle de 135 degrés, voici la manière de le tracer : sur une
planche d'environ 18 pouces de large et de

4 pieds de long, ou sur une table ordinaire ; tracez trois carrés égaux A, B, C, *fig.* 12, de 12 à 14 pouces de côté, puis tirez les diagonales *df* et *cf* des carrés C et A ; ces diagonales feront avec le côté *c d* du carré B l'angle de 135 degrés cherché. On pourra faire un patron avec deux règles, et cet instrument servira à tracer la direction des jambages sur l'âtre.

Les cheminées qui ont de la disposition à fumer exigeant que les jambages y soient placés moins obliquement, relativement au contre-cœur, que dans celles qui n'ont pas ce défaut, on pourra faire plusieurs patrons sur des angles différens. Celui n° 1 sera employé pour donner la disposition la plus convenable, lorsque rien ne s'y opposera ; le n° 2 servira pour un plus petit angle, *d c e;* enfin, le n° 3, pour les cheminées très disposées à fumer, aura son angle *d c i* encore moins ouvert.

Quelquefois la naissance *d* de la gorge se trouve très loin du feu, comme dans les *fig.* 13 et 14 ; alors la cheminée est sujette à fumer ; pour parer à cet inconvénient, il faut la baisser, en ajoutant une traverse ou soubassement en briques ou en plâtre, soutenu par une barre de fer, comme on le voit en *h*, *fig.* 13.

Explication des Figures.

Figure 1re. Plan d'une cheminée ordinaire.

A B. Ouverture de la cheminée sur le devant.

C D. Le contre-cœur ou la plaque.

A C et B D. Les jambages latéraux.

Fig. 2. Élévation de face d'une cheminée ordinaire.

Fig. 3. Plan de la cheminée *fig.* 1 perfectionnée.

a b est la nouvelle ouverture ; *i k*, le contre-cœur ; *a i* et *b k*, les nouveaux jambages.

e est le point où tombe le fil à plomb appliqué sur la face antérieure du tuyau de la cheminée. On fait *e f* de 4 pouces, et la face du nouveau contre-cœur doit être perpendiculaire sur la ligne *e f*. Le nouveau contre-cœur et les jambages sont représentés en maçonnerie de briques, et l'espace entre la nouvelle construction et l'ancienne en maçonnerie de moellons.

Fig. 4. Élévation de la cheminée, dont le plan est la *fig.* 3.

Fig. 5, *pl. II.* Coupe verticale d'une cheminée ordinaire avec une partie de son tuyau.

Fig. 6. Coupe verticale de la même cheminée perfectionnée.

k l est le nouveau contre-cœur; *l i*, la porte en briques ou en grès qui ferme le passage du ramoneur; *d i*, la gorge de la cheminée réduite à quatre pouces; *a*, le manteau, et *h* la maçonnerie ajoutée pour diminuer la hauteur de l'ouverture du devant.

Fig. 7. Plan d'un foyer avec une grille placée dans une niche, et où la largeur primitive A B du foyer est considérablement diminuée.

a b est l'ouverture du devant après le changement; et *d*, le dos de la niche dans laquelle la grille est placée.

Fig. 8. Élévation de la cheminée ci-dessus.

Fig. 9. Coupe verticale de la même cheminée.

c d e est la coupe de la niche; *g*, la porte du ramoneur, fermée par une plaque de grès; *f* est la maçonnerie nouvelle ajoutée au manteau pour le baisser.

La *fig.* 10 indique comment les jambages doivent être disposés lorsque le devant des montans *a* et *b* n'avance pas autant que les montans A et B de la cheminée.

La *fig.* 11 indique comment on doit disposer la largeur et l'obliquité des jambages relativement à celle du contre-cœur, lorsqu'on est obligé de faire celui-ci très large pour y placer le bois.

La *fig.* 12 représente le patron destiné à tracer la direction des jambages.

La *fig.* 13 indique la manière de rabaisser le devant d'une cheminée lorsqu'il est trop élevé, au moyen d'une maçonnerie *b* et d'une garniture de plâtre.

La *fig.* 14 indique la même opération faite avec une garniture de plâtre seulement.

Nous répéterons encore que les cheminées, et même les poêles, seront soujours des appareils défectueux tant qu'on n'adoptera pas le principe de faire circuler de l'air extérieur sur les parois du foyer, et de le faire sortir ensuite par des bouches de chaleur, après s'être échauffé pendant sa circulation. Ce moyen, qui réunit, comme nous l'avons dit, le triple avantage de renouveler l'air des appartemens, de les échauffer en même temps et de fournir de l'air chaud à l'embouchure de la cheminée, qui occasione un courant ascendant beaucoup plus rapide, et facilite l'évacuation de la fumée, devrait être appliqué à tout appareil de chauffage destiné à être placé dans le lieu à chauffer ; car, pour que l'air nécessaire à la combustion et celui destiné à remplacer la masse d'air entraînée dans le tuyau de la cheminée, puisse entrer dans l'appartement, il faut qu'il existe des fissures en assez grand nombre ; et alors on provoque l'introduction dans l'appartement de courans d'air froid, qui exercent sur le corps une sensation d'autant plus grande, que la température extérieure est plus froide. Le procédé qui a le moins d'inconvénient, mais qui occasione toujours un grand refroidissement dans l'appartement, est alors de faciliter l'introduction de l'air du dehors par des conduits placés vers le plafond. (Voyez l'article *Ventilation*, page 58.)

ARTICLE IX.

Des perfectionnemens à apporter dans les Cheminées à la Rumford.

Pour éviter les inconvéniens que nous venons d'indiquer, et utiliser une plus grande quantité de calorique, on pourrait construire les côtés du foyer avec des plaques de tôle, ou mieux, de fer fondu : cela serait plus durable, en réservant un intervalle ou espace creux entre les plaques et la maçonnerie du foyer de la cheminée, qui recevrait l'air extérieur au moyen d'un conduit, et qui le répandrait chaud dans la chambre au moyen de *bouches de chaleur.* Soit *a b c d* (*fig.* 11, *Pl. I*) le plan d'une cheminée ordinaire, on remplacerait les massifs de Rumford par deux plaques obliques *a c* et *f d*, et on placerait la plaque du contre-cœur jointivement suivant *e f.* Cette disposition laisserait un espace creux *i i*, qui serait recouvert à la hauteur de la tablette de la cheminée, ou plus haut si l'on veut faire la dépense nécessaire, de manière que l'air placé dans l'espace *i i* ne communique pas avec le tuyau de la cheminée. On disposera des compartimens *e k*, *f k* derrière la plaque du contre-cœur, et on établira au bas d'un des jambages de la cheminée en *g*, soit au moyen d'un conduit sous le plancher, soit au moyen d'un petit tuyau placé dans l'angle du mur, une communication entre l'espace *i i* et l'air extérieur (1), qui, après s'être échauffé par son contact avec les plaques de fonte, sortira par une ou plusieurs ouvertures placées en haut dans le jambage opposé *h*, formant bouches de chaleur. Il s'établira ensuite un courant de bas en haut, qui échauffera la chambre presque autant qu'un poêle. On n'aura plus alors de courant d'air froid dans la chambre, et on pourra la fermer exactement de toutes parts.

ARTICLE X.

Cheminée de M. Debret.

La cheminée de M. Debret (*fig.* 6, 7 et 8, *pl. I*) est construite en briques ; son principe repose sur celui du poêle du même auteur, dont nous parlerons au chap. VII,

---

(1) La dépense qu'occasione l'établissement de ce canal ne se monte pas à plus de 15 fr.

lequel consiste dans la circulation de la fumée comme dans les poêles suédois.

L'avantage qu'elle présente est de pouvoir
s'établir en un seul jour et s'adapter à toute
espèce de cheminée.

Pour l'établir (1), on incline d'abord la
plaque de manière qu'une ligne tirée de son
sommet, tombe à 6 ou 8 pouces de sa base,
et on élève de chaque côté, pour la soutenir,
un petit massif en briques, qui se termine
en mourant au sommet de la plaque : c'est
entre ces deux massifs qu'est le foyer; on
établit ensuite au-dessus de la plaque une
voûte qui, montant derrière le chambranle,
bouche toute communication avec la cheminée. Sur les côtés du foyer sont aussi deux
couloirs, un intérieur et descendant, l'autre
postérieur et ascendant, qui vient passer derrière la voûte et se terminer dans la cheminée ou dans le tuyau qui en ferait l'office.

Le feu étant allumé, la fumée se répand
dans les côtés, descend dans l'un des couloirs, où elle dépose une partie de son calorique, puis elle remonte dans l'autre couloir

_____

(1) *Description des Brevets d'invention*, t. iv.

12

où elle n'est plus que tiède, et où elle trouve enfin une issue dans la cheminée.

L'auteur affirme qu'avec cette cheminée on peut faire un aussi grand feu que l'on veut sans craindre d'incendie, et que l'on peut y brûler des substances animales sans qu'elles répandent de mauvaises odeurs. Pour la ramoner (ce qui est très rare, par la raison que la suie se ramasse à la voûte où elle est brûlée), il suffit de réserver dans le couloir antérieur un carreau mobile qu'on déplace à volonté.

ARTICLE XI.

Cheminées dites perfectionnées.

Beaucoup de cheminées employées aujourd'hui consistent tout simplement dans des dispositions intérieures semblables aux cheminées de Rumford, et placées dans un avant-corps construit en tôle, en maçonnerie, enduit de peinture, recouvert de tablettes en marbre et garni d'un carrelage en faïence sur les jambages intérieurs.

On établit, sur le devant de la cheminée, une plaque glissante verticale destinée à régler l'entrée de l'air et à amener un courant vif pour activer la combustion. Cette plaque se hausse ou se baisse à l'aide d'un cylindre perdu dans la maçonnerie, sur lequel s'enroulent les chaînes qui la suspendent et qu'on met en mouvement au moyen d'une manivelle placée extérieurement, et à laquelle est adaptée une roue à rochet pour l'arrêter à volonté.

L'avantage de cette construction est de mettre à profit une partie de la chaleur absorbée par les parois du foyer, et de renvoyer cette chaleur dans l'appartement. Des expériences faites sur ces sortes de cheminées, ont démontré qu'en général elles ne donnent pas une économie très marquée dans l'emploi du combustible, ainsi que nous allons le prouver, en faisant connaître le rapport de la Société d'Encouragement sur les cheminées de M. Lhomond.

ARTICLE XII.

Cheminées dites Parisiennes, de M. Lhomond.

(Extrait du Rapport fait à la Société d'Encouragement pour l'industrie nationale, dans la séance du 5 janvier 1825.)

« Après avoir examiné la cheminée que

propose M. Lhomond pour remplacer, sans déposer leur chambranle, celles qui existent maintenant, de quelques dimensions qu'elles soient, le comité des arts économiques a reconnu que ce remplacement peut s'opérer facilement en trois heures, parce que tous les matériaux nécessaires à la construction se trouvant disposés d'avance, on n'a plus qu'à les mettre en place. La cheminée qui a été établie dans le local même des séances, n'a demandé que cet espace de temps pour être confectionnée de manière à ne laisser rien à désirer à l'inventeur.

Cette cheminée se compose d'un contre-cœur et de deux côtés bâtis en briques de champ, réunies par du plâtre. Celles du contre-cœur sont surmontées par des briques debout, presque mobiles, parce qu'elles ne sont jointes ensemble que par très peu de plâtre, et que le moindre effort les déplace : elles se trouvent inclinées en devant et soutenues par une barre de fer pour rétrécir le passage de la fumée. Lorsqu'on veut ramoner la cheminée, ces briques et la barre qui les soutient s'enlèvent facilement, et le ramoneur trouve une ouverture suffisante pour passer. Un châssis de fer, garni de deux plaques de tôle, de 18 à 20 pouces de hauteur, de 16 pouces de large, placé à 8 pouces en avant du contre-cœur, et appuyé sur les côtés, forme le complément du foyer; trois planches de stuc taillées en trapèze, appliquées à la naissance intérieure du chambranle dans son pourtour, viennent s'appuyer sur le châssis, et forment des angles peu inclinés, qui permettent la réflexion de la chaleur dans l'appartement. M. *Lhomond* a, comme *Désarnod*, employé un registre vertical pour ouvrir à moitié, au quart, ou fermer à volonté l'orifice du foyer, et donner par là au volume d'air qu'on veut y faire entrer toute l'activité qu'on désire : aussi on n'a pas besoin d'employer le soufflet pour entretenir ou augmenter la combustion. Les plaques qui remplissent le châssis sont en tôle au lieu de fonte, et la crémaillère de M. *Désarnod* est remplacée par deux contrepoids cachés sous les planches de stuc. Le moindre effort suffit pour lever ou baisser les plaques qui gisent l'une sur l'autre. L'auteur a placé à la base du foyer, de chaque côté du châssis, une plaque de tôle arrondie

à son extrémité supérieure, pour éviter la
dégradation du stuc. Cette cheminée, suivant M. *Lhomond*, a l'avantage d'économiser les *trois cinquièmes* du combustible,
d'empêcher la fumée dans les appartemens,
et de ne coûter, toute posée, que 5o à 8o fr.,
suivant sa dimension.

Le comité des arts économiques a voulu
connaître, par expérience, les propriétés
que l'auteur attribue à sa cheminée. Il s'est
convaincu qu'elle chauffe très bien, en éco-
nomisant beaucoup de combustible, mais
non dans la proportion des trois cinquièmes;
il croit pouvoir assurer que le feu étant bien
conduit, on peut être chauffé comme dans
une cheminée ancienne avec près de moitié
du combustible qu'on y employait (1). Quant

---

(1) D'après cela, les cheminées de M. Lhomond seraient moins économiques que celles de Rumford, avec
lesquelles elle a beaucoup de ressemblance, et qui coûtent encore moins à établir, puisque, d'après l'expérience (*voyez* chap. XI), sur 1oo kilog. de combustible
employé à obtenir une certaine température dans un
espace donné, on n'en a brûlé que 39 pour obtenir la
même température dans le même espace, avec une
cheminée à la Rumford, et qu'il en faudrait 5o avec
celle de M. Lhomond. (*Note de l'auteur du Manuel.*)

à sa propriété d'empêcher la fumée d'être refoulée dans les appartemens, le rapporteur du comité ne pensait pas qu'elle la possédât complétement : cette cheminée remédie en partie à cet inconvénient, mais ne le fait pas disparaître en totalité. Il est même des circonstances où le tirage n'étant pas assez fort, il y a refoulement d'air dans l'appartement ; mais on y remédie au moment même, en levant ou baissant la porte, suivant le besoin. M. Lhomond, pour parer à cet inconvénient, a imaginé une forme de mître dont il se promet le succès le plus complet. Il est à désirer qu'il ne soit pas trompé dans son espérance, car il aurait vaincu une difficulté qui n'a pu encore être levée jusqu'à ce jour.

La forme de sa cheminée est fort agréable ; sa surface blanche et lisse réfléchit facilement les rayons du calorique, et permet à ceux qui l'entourent d'en recevoir l'influence : seulement, on pourrait désirer qu'elle fût d'une matière plus dure que le stuc ; mais M. Lhomond offre de la remettre à neuf pour la somme de 15 francs, lorsqu'elle sera dégradée. Cette cheminée a beaucoup d'ana-

logie avec d'autres qui sont déjà connues ;
mais elle en diffère en quelques points : elle
réunit une grande partie des avantages de
celles dites de *Désarnod*. Son prix est bien
inférieur, et par conséquent plus à la portée
de tout le monde. »

Cheminée dite Calorifère.

Cette cheminée, qui a donné des résultats
très satisfaisans dans plusieurs endroits où
elle a été construite, se compose, 1°. (*fig.* 24,
Pl. I) d'un réservoir à air *a a*, placé sous le
foyer qui reçoit l'air extérieur par le conduit *b*; 2°. (*fig.* 25) d'une plaque en fonte *x*,
qui recouvre le réservoir à air froid *a a*; de
deux grands espaces vides *g g*, situés latéralement au foyer, et dans lesquels s'élèvent deux tuyaux en métal mince *b i*, dont
l'ouverture inférieure communique avec le
réservoir d'air froid, lesquels se croisent en
dessous de la tablette de la cheminée, en traversant la partie supérieure du foyer. Par
cette disposition, l'air que ces tuyaux contiennent s'échauffe, et la dilatation dans
cette partie détermine un courant de bas en

haut, qui fait verser dans l'appartement l'air échauffé par les deux autres extrémités *k k*, formant bouches de chaleur. Ainsi l'air nécessaire à la combustion et à la respiration est amené chaud dans l'appartement; 3o. (*fig.* 26) d'une plaque *d*, mobile, sur une charnière, et qui a pour objet principal d'activer ou de modérer la combustion et de donner plus ou moins d'ouverture au passage de la fumée qui se rend dans le canal *c*. Cette plaque étant fermée entièrement, suivant la position 1, *d*, peut servir à conserver la chaleur de l'appartement lorsque le feu est éteint, ou à intercepter tout courant d'air dans l'intérieur du tuyau de la cheminée en cas d'incendie. Lorsque cette plaque est entièrement ouverte elle occupe la position 1, 2.

Les lettres *i i* indiquent l'emplacement des deux tuyaux tracés sur la figure 25, et désignés par les lettres *b i*.

La figure 27 représente l'élévation de face de la cheminée.

ARTICLE XIV.

Cheminée anglaise perfectionnée par MM. Atkins et H. Marriott. (1)

Cette invention consiste, 1°. à remédier aux cheminées qui fument; 2°. à économiser le combustible et à régulariser la chaleur qui se dégage des foyers ou grilles destinées au chauffage ou à la cuisine.

Les auteurs proposent de brûler la fumée qui se dégage des foyers, au moyen d'une caisse ou réservoir rectangulaire qu'on fixe au foyer. La forme la plus convenable pour ce réservoir à charbon se voit *Pl. IV, fig.* 8, qui présente l'élévation d'un foyer ou fourneau à registre sur l'échelle d'un 12me. La *fig.* 7 offre la coupe du même appareil. Le fond de cette caisse à charbon doit s'incliner en avant sous un angle très obtus, communiquer avec le foyer par un orifice A, à travers la plaque de derrière. Ce réservoir à charbon peut être fermé supérieurement, soit par une porte à coulisse ou à charnière,

----

(1) *Repertory of patent inventions;* janvier 1826, page 8.

ou par une porte circulaire tournant sur son
centre, comme on le voit en B. Cette porte
peut être attachée à l'intérieur ou à l'extérieur de la plaque postérieure du foyer; on
fait à travers cette dernière plaque une oü-
verture demi-circulaire, d'un diamètre un
peu moindre que celui de la porte; celle-ci
peut tourner aisément sur son axe au moyen
d'une clef, et doit être ajustée de manière à
fermer presque hermétiquement le réservoir.

On peut encore fixer le réservoir à charbon au foyer, par d'autres moyens que les
auteurs indiquent, principalement pour l'u-
sage de la cuisine.

Voici, d'après eux, la manière d'opérer
pour brûler la fumée : supposez qu'il faille
alimenter de combustible une grille ou un
foyer quelconque, muni d'un réservoir à
charbon, au lieu de jeter le charbon à la
manière ordinaire au-dessus du feu, il faut
le jeter derrière, dans le réservoir à charbon,
et fermer immédiatement la porte ou le couvercle; aussitôt que le charbon qu'on vient
de jeter arrivera au fond du réservoir et se
trouvera en contact avec le combustible enflammé, il se dégagera aussitôt une fumée

dense et noire qu'on observe toujours en pareil cas. Cette fumée ne pouvant s'échapper par la porte supérieure du réservoir, est forcée de passer à travers des matières en combustion à la partie inférieure du foyer, avant d'árriver au tuyau de cheminée, et de s'y élever. Par cette opération, la matière combustible, c'est-à-dire la vapeur du goudron, le carbone et le gaz hydrogène carboné s'enflamment instantanément, en se combinant avec l'oxigène de l'atmosphère; tandis que l'azote de l'air commun, ainsi que le gaz ammoniaque et l'acide carbonique, s'élèvent rapidement dans la cheminée, sans déposer de suie d'une manière sensible. Les auteurs font ensuite des applications de leur appareil aux fourneaux de cuisine; ils s'étendent surtout sur l'usage d'un poêle qu'ils appellent thermo-régulateur, de leur invention. Enfin il faut remarquer, 1°. que l'on empêche presque entièrement les cheminées de fumer, en consumant la portion combustible de la fumée, en accélérant en même temps la dispersion du reste; 2°. que la suie qui se dépose dans le tuyau de la cheminée ne monte pas au quart de la quantité ordi-

naire ; conséquemment on obviera à la fois au
danger qui accompagne les cheminées mal-
propres, et aux inconvéniens de l'emploi des
ramoneurs ; 3°. que la construction de leurs
fourneaux ou foyers économise une grande
quantité de combustible, en utilisant beaucoup de calorique, qui, dans les poêles ordinaires, se perd immédiatement par la cheminée ; 4°. que la chaleur absorbée par les matériaux non conducteurs de leur poêle perfectionné, étant disséminée peu à peu dans
l'air d'un appartement, le chauffera plus
uniformément que par un poêle ordinaire.

Si l'on a égard à la chaleur supplémen-
taire, dégagée par la combustion de la fumée, et si l'on tient compte du calorique
conservé par les matériaux de ce poêle, l'é-
conomie du combustible s'élève de $\frac{1}{7}$ à $\frac{1}{2}$ de
la quantité nécessaire pour maintenir un ap-
partement à une température donnée.

Enfin le tuyau auxiliaire à air fixé au poêle
thermo-régulateur permet d'aérer un appartement et d'y maintenir en tout temps une
température à peu près uniforme.

ARTICLE XV.

Description d'une nouvelle Cheminée économique à foyer mobile. (1)

Le seul mérite de cette cheminée, que l'auteur, M. *John Cutler*, annonce être très économique, est d'avoir un foyer qui se lève et se baisse à volonté, et maintient le combustible constamment à la même hauteur ; elle est entièrement en fonte, et ressemble aux cheminées ordinaires à charbon de terre. Le prince régent d'Angleterre l'a fait établir dans son palais de Carleton-House.

Pour faire usage de la nouvelle cheminée, on fait descendre le fond mobile, on remplit de charbon le foyer inférieur, formé de ce fond et des plaques, on en met également dans le foyer supérieur, et on l'allume ; la combustion est favorisée par le courant d'air qui traverse l'ouverture ; celui qui passe par la petite ouverture y enlève la cendre du foyer et sert à activer le feu. A mesure que le charbon se consume, on presse sur la broche,

---

(1) *Bulletin de la Société d'Encouragement*, quinzième année, page 109.

on dégage le déclic, et par le moyen de la manivelle on fait tourner les pignons et l'axe, et on élève ainsi la barre et la plaque mobile chargée de combustible. Lorsqu'on veut éteindre le feu, il suffit de descendre le fond mobile dans le foyer inférieur, qui, étant privé d'une communication directe avec le tuyau de la cheminée, ne permet pas au charbon de brûler.

L'auteur pense qu'au lieu de faire monter le charbon dans le foyer, on pourrait établir le réservoir au-dessus ou à côté, et le faire descendre par un plan incliné.

Quant aux dimensions de ces cheminées, elles sont arbitraires ; on peut les établir dans toutes les localités ; elles offrent de l'économie et l'avantage de se débarrasser de la poussière noire et extrêmement ténue qui s'élève de la houille en combustion et salit les meubles des appartemens.

ARTICLE XVI.

Cheminée à double foyer, par Mansard.

Cette cheminée est économique ; on peut l'employer avantageusement dans les maisons neuves en les construisant. Supposons une pièce adossée à un cabinet d'étude ou à une chambre à coucher. Veut-on faire passer le feu d'une pièce dans l'autre : il ne faut que faire tourner le foyer tout entier avec le feu. Cela se fait facilement, parce que le foyer porte dans la partie supérieure sur une vis sans fin, jouant dans un châssis de fer qui traverse le conduit de la cheminée, et dans la partie inférieure cette cheminée mobile porte sur un pivot scellé au plancher. Toute cette machine tourne avec la plus grande facilité sur ces deux points d'appui, et elle s'ajuste exactement au parement de la cheminée.

ARTICLE XVII.

Autre Cheminée à double foyer.

Voici une autre cheminée à double foyer moins compliquée, et dont la dépense de construction est bien inférieure à celle ci-dessus : le foyer étant ouvert est commun aux deux pièces qu'il convient d'échauffer ; dans le milieu du tuyau, à 7 ou 8 pieds ($2^m,5o$) du sol environ, selon que l'exige la différence de hauteur des plaques, est une poulie portée sur un châssis de fer, scellé dans les languettés; une chaîne roule dessus, et à son extrémité sont attachées deux plaques de fonte qui font contre-poids l'une à l'autre, sont maintenues et glissent dans des coulisses placées aux quatre angles intérieurs du tuyau.

Lorsqu'on veut disposer le feu pour en jouir dans une des deux pièces, l'on baisse la plaque de derrière. Elle forme alors le fond du foyer de la cheminée; celle de devant se trouve élevée, son bord inférieur arrive de niveau au-dessous du manteau.

Lorsqu'au contraire on veut changer le feu et le faire servir pour la pièce opposée, l'on baisse la plaque qui était relevée, et elle devient à son tour le fond de la cheminée. Tout ce mécanisme n'est pas plus difficile à concevoir que celui de deux seaux qui montent au moyen d'une poulie et d'une chaîne; il n'y a que les coulisses de plus.

Cette cheminée, en raison de sa simplicité, est susceptible d'être exécutée partout.

ARTICLE XVIII.

Cheminées à la prussienne.

Ces cheminées sont construites en tôle, et sur des dimensions plus petites que les cheminées ordinaires, de manière à pouvoir y être logées; le devant est très bas, et l'extrémité supérieure terminée en pyramide ou en cône tronqué, et qui s'introduit dans le canal de la cheminée en maçonnerie, est couronnée par un couvercle ou trappe qui s'ouvre et se ferme à volonté pour régler le tirage. Le peu d'économie qu'elles présentaient dans l'emploi du combustible, et leur peu de durée, en ont fait abandonner l'usage.

ARTICLE XIX.

Cheminées à la Nancy.

Ces cheminées ont beaucoup de ressemblance avec les cheminées à la prussienne : comme celles-ci, elles sont en tôle, et disposées de manière à être placées facilement dans une cheminée ordinaire; elles ont la forme d'un petit pavillon carré, d'où pendent de chaque côté comme deux rideaux à demi tirés et arrêtés, qui servent de jam-

bages. Avant que Rumford eût fait connaître
ses cheminées, on faisait un grand usage de
celles à la Nancy, surtout en Lorraine; mais
depuis on a reconnu qu'elles étaient bien inférieures pour l'économie du combustible
aux cheminées ordinaires modifiées, et on les
a abandonnées.

ARTICLE XX.

Cheminée à devanture en carreaux de verre. (1)

Afin de supprimer le courant d'air qui enlève une si grande partie de la chaleur d'un
appartement chauffé par un foyer de cheminée, mettre l'appartement à l'abri de la fumée et conserver la vûe du feu, M. Arnolt,
médecin anglais, a fait fermer sa cheminée
en plaçant sur le devant un châssis en fer
garni de carreaux de verre pareils à ceux
que l'on met aux fenêtres, et ajusté de manière à intercepter toute communication de
l'air de l'appartement avec le foyer. L'air
nécessaire à la combustion entre par un
conduit qui vient aboutir sur le devant du

(1) *Journal des Connaissances usuelles et pratiques,*
mars 1827.

combustible, et dont on règle l'ouverture au moyen d'une soupape, pour accélérer ou ralentir la combustion.

Ce chassis en fer doit être établi de manière qu'une partie puisse s'ouvrir afin de pouvoir placer le combustible dans le foyer, arranger le feu, etc. ; à cet effet un ou plusieurs carreaux peuvent être à charnières, ou bien on compose le châssis de deux parties, dont l'une est glissante, et se lève ou se baisse à volonté à l'aide d'un mécanisme semblable à celui adapté aux cheminées à la Désarnod.

Les carreaux de verre du châssis apportent quelque obstacle au passage de la chaleur rayonnante; mais ce désavantage est amplement compensé par la conservation de la chaleur produite dans l'appartement.

Il faut avoir soin que le châssis soit assez éloigné du feu pour qu'une chaleur trop subite ne fasse pas éclater les vitres, ou que la chute des tisons ne les brise. Afin d'éviter cet inconvénient, il faut placer devant les carreaux, du côté du feu, un treillage en fil de fer ou de laiton à grosses mailles.

Quant au renouvellement de l'air de l'appartement, on peut le faire en ouvrant les vitres à charnières du châssis, ou en levant la plaque glissante de temps en temps, et en laissant introduire de l'air extérieur par les moyens que nous avons indiqués à l'article *Ventilation*, pag. 58, ou mieux en établissant le châssis sur le devant d'une cheminée telle que nous l'avons décrite, page 131 ; les bouches de chaleur serviront à verser de l'air nouveau dans l'appartement.

ARTICLE XXI.

Moyens d'utiliser une plus grande partie de la chaleur des Cheminées.

Ces moyens sont basés sur cette propriété de l'air : c'est qu'il devient plus léger à mesure qu'il est échauffé, et qu'il occupe alors la partie supérieure des appartemens ; les couches inférieures sont, par conséquent, toujours plus froides. Profitant de cette observation, MM. Lenormand et Chevalier ont proposé de remplacer la bûche en terre cuite, qu'on place ordinairement à Paris sur le derrière du foyer, par une bûche creuse en fonte qui se pénétrerait plus promptement de la chaleur fournie par le combustible, pour la reverser ensuite dans l'appartement, en établissant un courant d'air dans l'intérieur de la bûche. Pour remplir ce but (1), on se procure un tuyau de fonte creux de 5 pouces de diamètre, d'une longueur de 3 à 4 pouces moindre que la largeur de la cheminée; à ses deux bouts on y réserve deux tourillons creux, de 18 à 24 lignes de long, afin que le tout puisse entrer dans la cheminée et se placer comme bûche du fond. Les auteurs préferent ce tuyau carré, afin qu'il prenne mieux son assiette sur l'âtre et près du contre-cœur. A l'un des deux tourillons, on ajuste un tuyau en tôle qui l'embrasse et traverse la paroi de la cheminée qu'on a fait percer : ce tuyau déborde d'un à deux pouces dans la chambre, et porte à son extrémité une soupape qu'on ouvre ou ferme à volonté pour donner passage ou non à l'air.

Si la chambre reçoit assez d'air, on n'aura pas besoin de le prolonger plus loin; mais, si l'air n'était pas suffisant, on le prolongerait autant que cela serait nécessaire, pour

-----

(1) *Ext. du Bull. des Sciences*, sect. *Technol.*

prendre l'air extérieur. Dans ce cas, la soupape dont on vient de parler serait inutile.

A l'autre tourillon, on place un petit tuyau
semblable, qui, à 2 ou 3 pouces de la cheminée, s'élève verticalement jusqu'à la hauteur de 6 à 8 pieds, si rien ne gêne, ou s'il
ne produit pas à ce point un mauvais effet.
Dans le cas contraire, on le prolonge par terre
contre le mur, pour le faire élever ensuite
verticalement dans l'angle le plus près, où
l'on peut le masquer parfaitement.

La *fig.* 19, *Pl. III*, montre de face les
dispositions de cet appareil.

On voit en A le gros tuyau ; B B, les deux
tourillons ; C, le tuyau de tôle garni de sa
soupape, comme une bouche de chaleur,
lorsqu'il prend l'air dans la chambre, ou qui
se prolonge sans soupape lorsqu'il va prendre l'air à l'extérieur.

Le tuyau D est coudé à quelques pouces de
la cheminée, et s'élève en E lorsque rien ne
s'y oppose, ou se prolonge en ligne droite
jusqu'au coin le plus près, ou il se coude,
pour se relever de 7 à 8 pieds de long contre
le mur, où l'on peut le masquer facilement.

Lorsqu'on prend l'air à l'extérieur, il faut

placer une soupape tournante dans le tuyau ascendant E , de la même manière qu'on les place dans les tuyaux de poêle ordinaire , et qu'on désigne sous la dénomination de *clef.*

Il est facile de faire concevoir comment le tirage s'établit dans cet appareil. La soupape C étant ouverte, de même que la clef, s'il y en a une au tuyau E , aussitôt que le feu brûle devant le tuyau A, ce tuyau s'échauffe, l'air qu'il contient et qui est en équilibre avec celui de l'intérieur de la chambre, s'échauffe aussi et devient plus léger que d'abord; il cherche à occuper la place supérieure dans le tuyau D , E , et fait place à de nouvel air froid qui entre par l'extrémité C ; l'air chaud sort par l'extrémité supérieure du tuyau E ; se mêle avec celui de l'appartement et le réchauffe.

Ce procédé peut être appliqué à toute autre cheminée que celle en tôle, prise pour exemple. Il est facile de le construire dans toute cheminée, sans être obligé de percer les murs; on place des deux côtés du tuyau, à chacun des tourillons, un tuyau coudé qui se dirige vers la chambre, et de là au-dehors de la cheminée, par un, deux ou trois tuyaux coudés ; on les fait aller contre les murs, et on les dirige où l'on veut. Il suffit que le tuyau E ait une hauteur verticale de 7, 8 ou 9 pieds (2 ou 3 mètres).

Un second moyen, fort analogue à celui qui précède, et basé sur les mêmes principes, a été publié dans le tome II de la *Bibliothéque physico-économique*, ann. 1788, page 216. « A la place de la plaque de fer qui garnit toute cheminée, dit l'auteur de cette invention, je fis creuser le mur d'environ 4 pouces de profondeur ; la largeur et la hauteur de cette niche doivent être déterminées par la longueur et le nombre des cylindres que je vais indiquer. Dans la niche, je fis placer, les uns au-dessus des autres, cinq tuyaux de fonte semblables à ceux qui servent à la conduite des eaux, de manière qu'entre eux et le fond de la niche, que j'avais garni de tôle, il y eût autant de distance qu'entre chacun d'eux ; c'est-à-dire environ un demi-pouce. J'observai de mettre plus en avant de la moitié de son diamètre au moins, le cylindre inférieur, de manière qu'il pût servir à porter la bûche de derrière. Sous l'âtre à feu, ou de quelque

14

côté que ce soit, on pratique un petit courant d'air d'un pouce de diamètre, qui aille
souffler dans chacun des cylindres, par une
communication percée dans la maçonnerie,
des deux côtés de la niche. Aux extrémités
opposées des cylindres, correspond un tuyau,
qui sort dans la chambre par le côté de la cheminée. Observez, ajoute l'auteur, que j'avais
divisé en deux mon courant d'air, afin que,
soufflant du côté gauche dans trois cylindres,
et du côté droit dans les deux autres, les deux
côtés de la cheminée jetassent également de
l'air échauffé. »

Ce procédé est économique et entretient
et renouvelle l'air des appartemens.

ARTICLE XXI.

*Moyen d'empêcher l'odeur des Cheminées de cuisine de
se transmettre dans les appartemens.*

Quand les cuisines se trouvent placées
sous les appartemens et sur les mêmes pa-
liers qu'eux, il arrive communément que
leur odeur se transmet dans ces appartemens. Pour remédier à cet inconvénient,
on ménage dans la partie supérieure du
tuyau de cheminée, au niveau du plafond.

de la cuisine, une ouverture ou petite porte par où toute l'odeur s'échappera, si la partie supérieure de la porte est un peu plus basse que le plafond; pour rendre le moyen infaillible et le mettre à l'abri de tous les effets des changemens de temps, il faut faire aboutir à cette ouverture un tuyau de tôle qui monte le long et jusqu'au haut de la cheminée : on pratique pour cet objet une cheminée séparée. (1)

---

(1) *Brevets expirés*, tome III.

CHAPITRE V.

Des causes qui font fumer les Cheminées, et remèdes à y apporter.

ARTICLE UNIQUE.

FRANKLIN porte au nombre de neuf les causes qui occasionent la fumée des cheminées ; elles diffèrent les unes des autres, et demandent par conséquent des remèdes différens. (1)

« 1°. *Les cheminées ne fument souvent, dans une maison neuve, que par un simple défaut d'air* (2). La structure des chambres étant bien achevée, et sortant des mains de l'ouvrier, les jointures du parquet, de toutes les boiseries et des lambris sont très justes et serrées, et d'autant plus peut-être que les

---

(1) Extrait d'une lettre écrite par Franklin à Ingenhouss.

(2) Nous avons vu, page 88, qu'il passait par le canal d'une cheminée présentant une surface d'un quart de mètre, 1800 mètres cubes d'air par heure ; lorsque cette quantité ne peut être fournie par les fentes des portes, des fenêtres, ou par un conduit pratiqué à cet effet, l'air intérieur se dilate, et il y a réaction de

murs n'étant pas entièrement desséchés,
fournissent de l'humidité à l'air de la chambre, ce qui tient les boiseries gonflées et bien
closes ; les portes et les châssis des fenêtres
étant travaillés avec soin, et fermés avec
exactitude, font que la chambre est aussi
close qu'une boîte, et qu'il ne reste aucun
passage à l'air pour entrer, excepté le trou
de la serrure, qui, quelquefois même, est
recouvert et comme fermé.

« Maintenant, si la fumée ne peut s'élever
qu'en se combinant avec l'air raréfié, et si
une colonne pareille d'air, qu'on suppose
remplir le tuyau de la cheminée, ne peut
monter, à moins que d'autre air ne vienne
reprendre sa place, et si, par conséquent,
un courant d'air ne peut point entrer dans
l'ouverture de la cheminée, rien n'empêche
la fumée de se répandre dans la chambre. Si
l'on observe l'ascension de l'air dans une che-

---

l'air extérieur sur le haut de la cheminée ; quelquefois
même il s'établit dans le tuyau de la cheminée un
double courant, l'un ascendant, l'autre descendant ;
ce dernier remplace l'air entraîné par le tirage, de là
les cheminées qui fument lorsque les portes et les fenêtres sont exactement fermées. (*Dictionnaire technologique*, tome V.)

minée qui en est bien fournie , par l'élévation de la fumée , ou par une plume qu'on
ferait monter avec la fumée ; et si l'on considère que dans le même temps qu'une pareille plume s'élève depuis le foyer jusqu'à
l'extrémité de la cheminée , une colonne
d'air , égale à celle qui est contenue dans le
tuyau , doit s'échapper par la cheminée , et
qu'une égale quantité d'air doit lui être fournie d'en bas par la chambre , il paraîtra absolument impossible que cette opération ait
lieu si une chambre bien close reste fermée ;
car s'il existait une force capable de tirer
constamment autant d'air de cette chambre, elle serait bientôt épuisée , de même que
la cloche d'une pompe pneumatique , et aucun animal ne pourrait y vivre.

« Ceux, par conséquent, qui bouchent
toutes les fentes dans une chambre pour
empêcher l'admission de l'air extérieur, et
qui désirent cependant que leurs cheminées
portent en haut la fumée , demandent des
choses contradictoires et en attendent l'impossible. C'est cependant dans cette position
que j'ai vu le possesseur d'une maison neuve,
désespéré , et prêt à la vendre à un prix bien
au-dessous de sa valeur, la regardant comme

inhabitable, parce qu'aucune cheminée de ses chambres ne transmettait la fumée au-dehors à moins qu'on ne laissât la porte ou la croisée ouverte.

« *Remède.* — Quand vous trouverez, par l'expérience, que l'ouverture de la porte ou d'une fenêtre rend la cheminée propre à faire monter la fumée, soyez sûr que le défaut d'air extérieur était la cause qu'elle fumait ; je dis l'*air extérieur*, pour vous tenir en garde contre l'erreur de ceux qui vous disent que la chambre est vaste ; qu'elle contient une quantité d'air suffisante pour en fournir à une cheminée, et qu'il n'est pas possible conséquemment que la cheminée manque d'air. Ceux qui raisonnent ainsi ignorent que la grandeur de la chambre, si elle est bien close ; est, dans ce cas-là, peu importante ; puisqu'il n'est pas possible que cette chambre puisse perdre une masse d'air égale à celle que la cheminée contient, sans y occasioner autant de vide ; ce qui demanderait une grande force pour le produire ; d'ailleurs, on ne peut pas vivre dans une chambre où un tel vide existerait par une perte continuelle de tant d'air.

« Comme il est donc évident qu'une cer-

taine portion d'air extérieur doit être introduite, la question se réduit à connaître la
quantité qui est absolument nécessaire, car
on veut éviter d'en admettre plus qu'il n'en
faut, comme étant contraire à l'intention
qu'on se propose en faisant du feu, c'est-à-
dire d'échauffer la chambre. Pour découvrir
cette quantité, fermez la porte par degrés,
pendant qu'on entretient un feu modéré, jusqu'à ce que vous aperceviez, avant qu'elle
soit entièrement fermée, que la fumée
commence à se répandre dans la chambre ; ouvrez alors un peu, jusqu'à ce que
vous remarquiez que la fumée ne se répand
plus ; tenez ainsi la porte, et observez l'étendue de l'intervalle ouvert entre le bord de la
porte et le jambage ; supposons que la distance soit d'un demi-pouce, et que la porte
ait 8 pieds de hauteur, vous trouverez alors
que votre chambre demande un supplément
d'air égal à 96 demi-pouces, c'est-à-dire à 48
pouces carrés, ou à un passage de 8 pouces
de long sur 6 pouces de large. La supposition
est un peu forte, parce qu'il y a peu de cheminées qui, ayant une ouverture modérée
et une certaine hauteur de tuyau, demande-

raient plus de la moitié de l'ouverture supposée : effectivement j'ai observé qu'un carré
de 6 pouces, ou 36 pouces carrés, est un
milieu assez juste qui peut servir pour la
plupart des cheminées.

« Les tuyaux fort longs ou fort élevés, et
qui ont des ouvertures petites et basses, peuvent à la vérité être fournis suffisamment
d'air à travers une ouverture moins grande,
parce que, pour des raisons que j'exposerai
ci-après, la force de légèreté, si l'on peut
parler ainsi, étant plus grande dans de pareils tuyaux, l'air froid entre dans la chambre avec une plus grande vitesse, et par conséquent il en entre plus dans le même temps.
Cela a cependant ses limites, car l'expérience
montre qu'aucun accroissement de vitesse
ainsi occasioné, ne peut rendre l'introduction de l'air, à travers le trou de la serrure,
égale en quantité à celle que produit une
porte ouverte, quoique le courant d'air qui
entre par la porte soit lent, et au contraire
très rapide à travers le trou de la serrure.

« Il reste maintenant à considérer comment et quand cette quantité d'air extérieur
doit être introduite de manière à produire le

moins d'inconvéniens; car si on laisse entrer
l'air par la porte ouverte, il se porte de là
directement vers la cheminée, et on éprouve
le froid au dos et aux talons, tant qu'on reste
assis devant le feu. Si vous tenez la porte
fermée, et que vous ouvriez un peu votre
fenêtre, vous éprouverez le même inconvénient. On a imaginé diverses inventions
pour remédier à cet inconvénient : par exemple, on a introduit l'air extérieur à travers des canaux conduits dans les jambages de la cheminée. L'orifice de ces cänaux
étant dirigé en haut, on s'est imaginé que
l'air emmené par ces tuyaux étant dirigé
vers le haut, doit forcer là fumée à monter
dans le tuyau de la cheminée. On à aussi
pratiqué des passages pour l'air dans la partie
supérieure du tuyau de la cheminée pour y
introduire l'air dans la même vue; mais ces
moyens produisent un effet contraire à celui
qu'on s'est proposé; car commé c'est le courant constant d'air, qui passe de la chambre
à travers l'ouverture de là cheminée, dans
son tuyau, qui empêche la fumée de se répandre dans la chambre, si vous fournissez
au tuyau, par d'autres moyens ou d'une

autre manière, l'air qu'il a besoin, et surtout si cet air est froid, vous diminuez la force de ce courant, et la fumée, en faisant effort pour entrer dans la chambre, trouve moins de résistance.

« L'air qui manque doit donc être introduit dans la chambre même, pour prendre la place de celui qui s'échappe par l'ouverture de la cheminée. Gauger, auteur très ingénieux et très intelligent, qui a écrit sur cet objet, propose, avec discernement, de l'introduire au-dessus de l'ouverture de la cheminée; et pour prévenir l'inconvénient du froid, il conseille de le faire parvenir dans la chambre à travers les cavités tournantes pratiquées derrière la plaque de fer qui fait le dos de la cheminée et les côtés du foyer, et même sous l'âtre; il s'échauffera en passant sous ces cavités, et étant introduit dans cet état il échauffera la chambre au lieu de la refroidir. Cette invention est excellente en elle-même, et peut être employée avec avantage dans la construction des maisons neuves, parce que ces cheminées peuvent être disposées de manière à faire entrer convenablement l'air froid dans de pareils passages; mais dans les maisons qu'on a bâties sans se proposer de telles vues, les cheminées sont souvent situées de manière qu'on ne pourrait leur procurer cette commodité sans y faire des changemens considérables et dispendieux : les méthodes aisées et peu coûteuses, quoique moins parfaites en elles-mêmes, sont d'une utilité plus générale; telles sont les suivantes :

« Dans les chambres où il y a du feu, la portion d'air qui est raréfiée devant la cheminée change continuellement de lieu, et fait place à d'autre air qui doit être échauffé à son tour ; une partie entre et monte par la cheminée; le reste s'élève et va se placer près du plafond. Si la chambre est élevée, cet air chaud reste au-dessus de nos têtes, et il nous est peu utile, parce qu'il ne descend pas avant qu'il ne soit considérablement refroidi.

« Peu de personnes pourraient s'imaginer la grande différence de température qu'il y a entre les parties supérieures et inférieures d'une pareille chambre, à moins de l'avoir éprouvé par le thermomètre, ou d'être monté sur une échelle, jusqu'à ce que la tête soit près du plafond. C'est donc dans cet air chaud que la quantité d'air extérieur qui manque, doit être introduite, parce que, en s'y mêlant, la froideur est diminuée, et l'inconvénient qui résulte de cette quantité devient à peine sensible. (1)

« 2°. Une seconde cause qui fait fumer les cheminées, *est leur trop grande embouchure dans les chambres* ; cette embouchure peut être trop large, trop haute, ou toutes les deux ensemble. Les architectes, en général, n'ont pas d'autres idées des proportions de l'embouchure d'une cheminée, que celle qui se rapporte à la symétrie et à la beauté, relativement aux dimensions de la chambre, pendant que les vraies proportions, relativement à ses fonctions et à son utilité, dépendent de principes tout-à-fait différens ; et cette proportion des architectes n'est pas plus raisonnable que ne le serait la dimension des degrés ou des marches d'un escalier, prise selon la hauteur d'un appartement, plutôt que selon l'élévation naturelle

(1) *Voyez*, pour les moyens d'introduire de l'air extérieur, l'article *Ventilation*, page 58.

des jambes d'un homme qui marche ou qui
monte. La vraie dimension donc de l'ouverture d'une cheminée, doit être en rapport·
avec la hauteur du tuyau; et comme les
tuyaux, dans différens étages d'une maison,
sont nécessairement de diverses hauteurs
ou longueurs, celui de l'étage d'en bas est
le plus haut et le plus long, et ceux des autres étages sont en proportion plus courts,
de façon que celui du grenier se trouve le
moindre de tous. Comme la force d'attraction
est en raison de la hauteur du tuyau rempli d'air raréfié, et comme le courant d'air
qui entre de la chambre dans la cheminée
doit être assez considérable pour remplir constamment l'embouchure, afin de pouvoir
s'opposer au retour de la fumée dans la
chambre, il s'ensuit que l'embouchure des
tuyaux les plus longs peut être plus étendue,
et que celle des tuyaux plus courts doit être
aussi plus petite; car si une cheminée qui ne
tire pas fortement a une ouverture large, il
peut arriver que le tuyau reçoive l'air qui
lui est nécessaire par un des côtés de cette
embouchure, qui admet un courant particulier d'air, pendant que l'autre côté de

l'embouchure étant destitué d'un courant semblable, peut permettre à la fumée de se répandre dans la chambre.

« Une grande partie de la force d'attraction dans le tuyau dépend aussi du degré de raréfaction de l'air qu'il contient, et cette raréfaction dépend elle-même de ce que le courant d'air prend son passage à son entrée dans le tuyau le plus près du feu. Si ce courant, à son entrée, est éloigné du feu, c'est-à-dire s'il entre des deux côtés de l'embouchure lorsqu'elle est fort large, ou s'il passe au-dessus du feu lorsque l'ouverture de la cheminée est fort haute, il s'échauffe peu dans son passage, et par conséquent l'air contenu dans le tuyau ne peut différer que peu en raréfaction de l'air atmosphérique qui l'environne, et sa force d'attraction, c'est-à-dire la force avec laquelle il entraîne la fumée, est par conséquent d'autant plus faible; de là vient que si l'on donne une embouchure trop grande aux cheminées des chambres des étages supérieurs, ces cheminées fument ; d'un autre côté, si on donne une petite embouchure aux cheminées des étages inférieurs, l'air qui entre agit trop directement et trop violemment, et en augmentant ensuite l'attraction et le courant qui montent dans le tuyau, la matière combustible se consume trop rapidement.

« *Remède* (1). — Comme différentes circonstances se combinent souvent avec ces objets, il est difficile d'assigner les dimensions précises des embouchures de toutes les cheminées. Nos ancêtres, en général, les faisaient beaucoup trop grandes; nous les avons diminuées, mais elles sont souvent encore d'une plus grande dimension qu'elles ne devraient l'être; car l'homme se refuse facilement à des changemens trop grands et trop brusques.

« Si vous soupçonnez que votre cheminée fume par la trop grande dimension de son

---

(1) Le prolongement vers le bas du soubassement, suivant *e f* (*fig.* 12, *pl. I*), par une planche de plâtre soutenue par une tringle de fer, empêche souvent une cheminée de fumer, parce qu'on met un obstacle à l'entrée, dans la cheminée, d'une trop grande quantité d'air qui ne sert pas à la combustion, et qui refroidissait le courant ascendant de manière à diminuer la force du tirage. Le rétrécissement dans le sens horizontal, d'après le tracé de Rumford, par la même raison, est souvent un moyen efficace.

Par le surbaissement du soubassement, il en résulte une moindre disposition à fumer, mais on a moins de chaleur dans l'appartement. (*N. de l'aut. du Man.*)

ouverture , resserrez-la en y plaçant des
planches mobiles , de manière à la rendre
par degrés plus basse et plus étroite, jusqu'à
ce que vous remarquiez que la fumée ne se
répand plus dans la chambre. La proportion qu'on trouvera ainsi, sera celle qui est
convenable pour la cheminée, et vous pour-
rez ainsi la faire rétrécir par le maçon ; cependant, comme en bâtissant les maisons
neuves on doit hasarder quelques tentatives,
je ferais faire des embouchures , dans les
chambres d'en bas, d'environ 30 pouces carrés et de 18 pouces de profondeur , et celles
dans les cheminées d'en haut seulement de
18 pouces carrés , et d'un peu moins de profondeur ; je diminuerais l'ouverture des cheminées intermédiaires, en proportion de la
diminution de la longueur des tuyaux.

« Il faut que toutes les cheminées aient
presque la même profondeur, leurs tuyaux
devant presque toujours être d'un volume
propre à laisser entrer un ramoneur. (1)

---

(1) Cela n'est plus d'indispensable nécessité ; à Lyon
et dans beaucoup d'autres villes, où l'on construit des
tuyaux de cheminées beaucoup plus petits que ceux.

» Si dans les chambres grandes et élégantes, la coutume ou l'imagination demande l'apparence d'une cheminée plus grande, on pourrait lui donner cette grandeur apparente, par des décorations extérieures en marbre, etc.

« 3°. Une troisième cause qui fait fumer les cheminées, est un *tuyau trop court*. Cela arrive nécessairement dans quelques cas, comme quand on construit une cheminée dans un édifice peu élevé ; car si alors on élève le tuyau beaucoup au-dessus du toit, pour que la cheminée tire bien, il est alors en danger d'être renversé par le vent, et d'écraser le toit par sa chute.

« *Remède* (1). — Resserrez l'embouchure

---

que prescrivent les anciens réglemens, on les ramoue à l'aide d'un fagot. (*Voyez* chap. XIII.)

(1) Dans un tuyau trop court le tirage n'a pas assez de force pour vaincre la plus petite cause du refoulement de la fumée ; le même inconvénient aurait lieu si le tuyau était assez long pour trop refroidir la température de la fumée ; le remède serait de prolonger le tuyau en maçonnerie, et si cela n'est pas possible, de l'allonger au moyen d'un tuyau de tôle ; enfin, dans le cas où cela serait insuffisant, on augmentera le tirage en calculant exactement l'ouverture à donner au tuyau

de la cheminée de manière à forcer tout l'air qui entre à passer à travers ou tout près du feu ; par là, il sera plus échauffé et raréfié; le tuyau lui-même sera plus échauffé, et l'air qu'il contiendra aura plus de ce qu'on appelle *force de légèreté*, c'est-à-dire que l'air y montera avec force, et maintiendra une forte attraction à l'embouchure.

« Le cas d'un tuyau trop court est plus général qu'on ne se l'imaginerait, et souvent il existe où l'on ne devrait pas s'y attendre ; car il n'est point extraordinaire, dans des édifices mal bâtis, qu'au lieu d'avoir un tuyau pour chaque chambre ou foyer, on plie et l'on incline le tuyau de la cheminée d'une chambre d'en haut, de manière à le faire entrer par le côté dans un tuyau qui vient d'en bas. Par ce moyen, le tuyau de la chambre d'en haut est moins long dans son cours, puisque l'on ne doit compter sa longueur que jusqu'à sa terminaison dans le tuyau qui vient d'une chambre d'en bas.

---

de la cheminée, pour livrer passage à l'air nécessaire à la combustion, ainsi que nous l'avons indiqué chap. VII, et on ajouterait encore à ce moyen en établissant sur le haut du tuyau un des appareils fumifuges décrits chap. VI. (*Notes de l'aut. du Man.*)

Le tuyau qui vient d'en bas doit aussi être considéré comme étant abrégé de toute la distance qui est entre l'entrée du second tuyau et l'extrémité des deux réunis ; car toute la partie du second tuyau qui est déjà fournie d'air, n'ajoute point de force à l'attraction, surtout quand cet air est froid, parce qu'on n'a point fait de feu dans la seconde cheminée. Le seul remède aisé est de tenir alors fermée l'ouverture du tuyau dans lequel il n'y a point de feu. (*Voy*. chap. VI, l'article *Trappes à bascule*.)

« 4°. Une quatrième cause, très ordinaire, qui fait fumer les cheminées, est *qu'elles se contre-balancent les unes les autres* (1), ou

---

(1) Lorsque l'une des deux cheminées manque d'air pour fournir à son tirage, il faut y pourvoir par les moyens que nous avons indiqués à l'art. *Ventilation*, p. 58, en donnant à chacune séparément l'air qui lui est nécessaire. Les ventouses établies dans les tuyaux de cheminées n'obvient pas toujours à cet inconvénient, parce que l'air trouvant plus de facilité à passer dans l'ouverture du tuyau de la cheminée voisine que par le canal de la ventouse, continue à suivre ce chemin. Il faudrait donc faire des ventouses aussi grandes qu'un tuyau de cheminée, ce qui serait possible; cependant si l'on réduisait celui-ci à la largeur qui lui est strictement nécessaire, on éviterait alors le contre-balancement.

plutôt qu'une cheminée a une supériorité de force par rapport à une autre, construite soit dans la même pièce, soit dans une pièce voisine; par exemple, s'il y a deux cheminées dans une grande chambre, et que vous fassiez du feu dans les deux, les portes et les fenêtres étant bien fermées, vous trouverez que le feu le plus considérable et le plus fort, vaincra le plus faible et attirera l'air dans son tuyau pour fournir à son propre besoin; et cet air, en descendant dans le tuyau du feu le plus faible, entraînera en bas la fumée et la forcera de se répandre dans la chambre. Si, au lieu d'être dans une seule chambre, les deux cheminées sont dans deux chambres différentes, qui communiquent par une porte, le cas est le même pendant que cette porte est ouverte. Dans une maison bien close, j'ai vu la cheminée d'une cuisine d'un étage inférieur, contre-

---

Souvent on l'évite encore en *mariant* les cheminées au-dessus du toit, c'est-à-dire qu'on établit un conduit oblique qui, du tuyau le moins élevé, va rejoindre le plus haut, où les deux orifices se confondent en un seul, de sorte que l'air ne peut plus descendre par l'un quand il monte par l'autre. (*N. de l'aut. du Man.*)

balancer, quand il y avait grand feu, toutes
les autres cheminées de la maison, et tirer
l'air et la fumée dans les chambres, aussi
souvent qu'une porte qui communiquait à
l'escalier était ouverte.

« *Remède.* — Ayez soin que chaque chambre ait les moyens de fournir elle-même,
du dehors, toute la quantité d'air que la cheminée peut demander, de sorte qu'aucune
d'elles ne soit obligée d'emprunter de l'air
d'une autre, ni dans la nécessité d'en envoyer.

« 5°. Une cinquième cause qui fait fumer
les cheminées, c'est quand le sommet de
leur tuyau est *dominé par des édifices
plus hauts ou par des éminences,* de sorte
que le vent, en soufflant sur de pareilles
éminences, tombe, comme l'eau qui surpasse une digue, quelquefois presque verticalement, sur le sommet des cheminées qui
se trouvent dans son passage, et refoule la
fumée que leur tuyau contient.

« *Remède.* — On emploie ordinairement, dans ce cas, *un tournant* ou *gueule
de loup,* ou l'un des appareils fumifuges
décrits au chapitre VI, qui recouvre la

cheminée au-dessus et aux trois côtés, et qui est ouvert d'un côté; il tourne sur un pivot, et, étant dirigé et gouverné par une aile, il présente toujours le dos au vent courant. Je crois qu'un tel moyen est en général utile, quoiqu'il ne soit pas toujours certain; car il peut y avoir des cas où il est sans effet. Il est plus certain d'élever ou d'allonger, si on le peut, les tuyaux de cheminées, de manière que leurs sommets soient plus hauts, ou au moins d'une hauteur égale à l'éminence qui les domine. Comme un *tournant* ou *gueule de loup* est plus aisé à pratiquer et moins coûteux, on peut l'essayer premièrement. Si j'étais obligé de bâtir dans une semblable situation, j'aimerais mieux placer les portes du côté voisin de l'éminence, et le dos de la cheminée du côté opposé; car alors la colonne d'air qui tomberait du haut de l'éminence presserait l'air d'en bas dans l'embouchure des cheminées, en entrant par les portes ou par des ventouses de ce côté, et tendrait ainsi à contre-balancer la pression qui se fait de haut en bas dans ces cheminées, dont les tuyaux seraient alors plus libres dans l'exercice de leurs fonctions.

« 6°. Il y a une sixième cause qui fait fumer certaines cheminées, et qui est l'inverse de la dernière mentionnée ; *c'est lorsque l'éminence qui domine le vent est placée au-delà de la cheminée.* Supposons un bâtiment dont l'un des côtés soit exposé au vent et forme une espèce de digue contre son cours, l'air, retenu par cette digue, doit exercer contre elle, de même que l'eau, une pression, et chercher à s'y frayer un passage ; et trouvant le sommet de la cheminée au-dessous de celui de la digue, il se précipitera avec force dans son tuyau pour s'échapper par quelques portes ou quelques fenêtres ouvertes de l'autre côté du bâtiment ; et s'il y a du feu dans une pareille cheminée, la fumée sera repoussée en bas et remplira la chambre.

« *Remède.* — Je n'en connais qu'un, qui est d'élever le tuyau plus haut que le toit et de l'étayer, s'il est nécessaire, avec des barres de fer ; car une gueule de loup, dans ce cas, n'a point d'effet, parce que l'air qui est refoulé pèse par en bas, et s'insinue dans la cheminée dans quelque position que son ouverture se trouve placée.

« J'ai vu une ville dans laquelle plusieurs
maisons étaient exposées à la fumée par
cette raison ; car les cuisines étaient bâties
par derrière et jointes, par un passage, avec
les maisons, et les sommets des cheminées de
ces cuisines étant plus bas que les sommets
des maisons, tout le côté de la rue, quand
le vent souffle contre leur dos, forme l'espèce
de digue dont nous avons parlé ; et le vent
étant ainsi arrêté, se fraie un chemin dans
ces cheminées (surtout quand elles ne contiennent qu'un feu faible), pour passer à travers la maison dans la rue. Les cheminées des
cuisines ainsi fermées et disposées, ont un
autre inconvénient : si, en été, vous ouvrez
les fenêtres d'une chambre supérieure pour
y renouveler l'air, un léger souffle de vent,
qui passe sur la cheminée de vos cuisines,
du côté de la maison, quoique pas assez fort
pour refouler la fumée en bas, suffit pour
l'amener vers vos fenêtres, et pour en remplir
la chambre ; ce qui, outre ce désagrément,
dégrade les meubles.

« 7°. La septième cause comprend les cheminées qui, quoique bien conditionnées,
fument cependant à cause *de la situation*

16

peu convenable d'une porte. Quand la porte et la cheminée sont du même côté de la chambre, si la porte, étant dans le coin, s'ouvre contre le mur, ce qui est ordinaire, comme étant alors, lorsqu'elle est ouverte, moins embarrassante, il s'ensuit que lorsqu'elle est seulement ouverte en partie, un courant d'air se porte le long du mur de la cheminée, et, en outre-passant la cheminée, entraîne une partie de la fumée dans la chambre. Cela arrive encore plus certainement dans le moment où l'on ferme la porte; car alors la force du courant est augmentée et devient très incommode à ceux qui, en se chauffant auprès du feu, se trouvent assis dans la direction de son cours.

« *Remèdes.* — Dans ce cas, les remèdes sautent aux yeux et sont faciles à exécuter : ou bien mettez un paravent intermédiaire appuyé d'un côté contre le mur, et qui enveloppe une grande partie du lieu où l'on se chauffe; ou, ce qui est préférable, changez les gonds de votre porte, de sorte qu'elle s'ouvre dans un autre sens; et que, quand elle est ouverte, elle dirige l'air le long de l'autre mur.

« 8°. Une huitième cause est celle d'une chambre où on ne fait pas habituellement du feu, et qui se trouve quelquefois *remplie de la fumée qu'elle reçoit au sommet de son tuyau, et qui descend dans la chambre.* Quoiqu'il ait déjà été question des courans d'air qui descendent dans des tuyaux froids, il n'est pas hors de propos de répéter ici que les tuyaux de cheminées, sans feu, ont un effet différent sur l'air qui s'y trouve, suivant leur degré de froid ou de chaleur. L'atmosphère, ou l'air ouvert, change souvent de température; mais des rangées de cheminées, à couvert des vents et du soleil par la maison qui les contient, retiennent une température plus uniforme. Si, après un temps chaud, l'air intérieur devient tout à coup froid, les tuyaux chauds et vides commencent d'abord à tirer fortement en haut, c'est-à-dire qu'ils raréfient l'air qu'ils contiennent en l'échauffant; cet air donc monte, et un autre plus froid entre en bas pour prendre sa place; celui-ci est raréfié à son tour, il s'élève, et ce mouvement continue jusqu'à ce que le tuyau devienne plus froid, ou l'air extérieur plus chaud;

ou si les deux ensemble ont lieu, alors ce mouvement cesse. D'un autre côté, si, après un temps froid, l'air extérieur s'échauffe brusquement et devient ainsi plus léger, l'air qui est contenu dans les tuyaux froids, étant alors plus pesant, descend dans la chambre, et l'air plus chaud qui entre dans leur sommet se refroidit à son tour, devient plus pesant, et continue à descendre; et ce mouvement continue jusqu'à ce que les tuyaux soient échauffés par le passage de l'air chaud à travers eux, ou que l'air extérieur lui-même soit devenu plus froid. Quand la température de l'air et du tuyau de la cheminée est à peu près égale, la différence de chaleur dans l'air, entre la nuit et le jour, est suffisante pour produire ces courans; l'air commencera à monter dans les tuyaux à mesure que le froid du soir surviendra, et ce courant continuera jusqu'à peut-être neuf à dix heures du matin suivant. Lorsque ce courant commence à balancer, et à mesure que la chaleur du jour augmente, ce courant se dirige du haut en bas et continue jusque vers le soir; et alors il est de nouveau suspendu pour quelque temps; mais bientôt il commence à monter de nouveau pour toute la nuit, comme je viens de le dire. Maintenant, s'il arrive que la fumée, en sortant des tuyaux voisins, passe au-dessus des sommets des tuyaux qui tirent dans ce temps vers le bas, comme c'est souvent le cas vers midi, une telle fumée est nécessairement entraînée dans ces tuyaux et descend avec l'air dans la chambre.

« Le *remède* est de fermer parfaitement le tuyau de la cheminée, par le moyen d'une trappe à bascule.

« 9°. Enfin, la neuvième cause a lieu dans les cheminées qui tirent également bien, et qui donnent cependant quelquefois de la fumée dans les chambres, celle-ci *étant entraînée en bas par des vents violens qui passent sur le sommet de leurs tuyaux*, quoiqu'ils ne descendent d'aucune éminence qui domine. Ce cas est le plus fréquent, lorsque le tuyau est court et que son ouverture est détournée du vent; et il est encore plus désagréable quand cela arrive par un vent froid, parce que, quand vous avez le plus besoin de feu, vous êtes obligé de

l'éteindre. Pour comprendre ce phénomène,
il faut considérer que l'air léger, en s'élevant pour obtenir une libre issue par le
tuyau, doit pousser devant lui et obliger
l'air qui est au-dessus de s'élever : dans un
temps de calme ou de peu vent, cela est
très manifeste; car alors vous voyez que la
fumée est entraînée en haut par l'air qui
s'élève en colonne au-dessus de la cheminée;
mais quand un courant d'air violent, c'est-
à-dire un vent fort passe au-dessus du sommet de la cheminée, ses particules ont reçu
tant de force, qu'elles se tiennent dans une
direction horizontale, et se suivent les unes
les autres avec tant de rapidité, que l'air
léger qui monte dans le tuyau n'a pas assez
de force pour les obliger de quitter cette direction et de se mouvoir vers le haut, pour
permettre une issue à l'air de la cheminée.
Ajoutez à cela, que le courant d'air, en
passant au-dessus du tuyau qu'il rencontre
d'abord, ayant été comprimé par la résistance du tuyau, peut s'étendre lui-même
sur l'ouverture du tuyau et aller frapper
le côté intérieur opposé, d'où il est réfléchi
vers le bas d'un côté à l'autre.

« *Remède.* — Dans quelques endroits, et particulièrement à Venise, où il n'y a point de rangées de cheminées, mais de simples tuyaux, la coutume est d'élargir le sommet de ce conduit, en lui donnant la forme d'un entonnoir arrondi. Quelques uns croient que cette forme peut empêcher l'effet dont je viens de parler, parce que l'air, en soufflant au-dessus d'un des bords de cet entonnoir, peut être dirigé ou réfléchi obliquement vers le haut, et sortir ainsi par l'autre côté en raison de cette forme : je n'en ai point fait l'expérience, mais j'ai vécu dans un pays très sujet aux vents, où on pratique tout le contraire, les sommets des tuyaux étant rétrécis en.haut de manière à former, pour l'issue de la fumée, une fente aussi longue que la largeur du tuyau, et seulement large de 4 pouces. Cette forme semble avoir été imaginée dans la supposition que l'entrée du vent serait par là empêchée ; peut-être s'est-on imaginé que la force de l'air chaud qui s'élève, étant d'une certaine façon condensée dans une ouverture étroite, pourrait être par là augmentée de manière à vaincre la résistance du vent. Ceci n'arri-

vait cependant pas toujours; car, quand
le vent était au nord-est, et que son souffle
était frais, la fumée était précipitée par
bonds dans la chambre que j'occupais ordinairement, de manière à m'obliger de transporter le feu dans une autre; la position de
la fente de ce tuyau était, à la vérité, nord-
est et sud-ouest; si elle avait été dirigée au
travers, par rapport à ce vent, son effet
aurait peut-être été différent; mais je ne
puis rien assurer sur cet objet. Ce sujet mérite bien qu'on le soumette à l'expérience :
peut-être qu'un tournant ou *gueule de
loup* aurait été avantageux; mais on ne l'a
point essayé. »

CHAPITRE VI.

Des Ouvertures extérieures des tuyaux de Cheminées.
— Danger des Mitres en plâtre. — Des Mitres en
terre-cuite. — Appareil fumifuge de M. Piault. —
T fumifuges. — Des Gueules de loup, et de différens
autres appareils fumifuges. — Des Trappes à bascule.

ARTICLE PREMIER.

Des Ouvertures extérieures des tuyaux de Cheminées.

Comme les cheminées ne fument que parce
qu'il s'établit un courant descendant dans le
tuyau, que ce courant empêche la fumée de
s'élever, et qu'il la fait refluer dans l'intérieur des appartemens, toutes les personnes
qui se sont occupées des moyens d'empêcher
les cheminées de fumer, ont porté leur attention vers les ouvertures supérieures, et
comme elles ont supposé que l'interruption
du courant ascendant était occasionée par le
mouvement de l'air extérieur, et particulièrement par les vents qui se dirigeaient
dans ces ouvertures, elles ont imaginé un
grand nombre de moyens, souvent très com-

pliqués, et qui ont à peine survécu à leurs
auteurs; de nos jours ces moyens ont été
beaucoup simplifiés, et nous ferons connaître
les appareils dont l'usage a constaté les bons
résultats.

Nous ferons d'abord remarquer qu'en couvrant la bouche supérieure des tuyaux, il est
évident qu'on empêche la pluie, la grêle et
la neige de pénétrer dans l'intérieur des
tuyaux; mais comme il faut ménager un
passage à la fumée, au moyen d'ouvertures
latérales, le vent s'introduit facilement dans
ces ouvertures lorsqu'elles ne sont pas recouvertes, et l'on n'est point à l'abri du refoulement de la cheminée.

Les vents soufflent suivant plusieurs directions, et tous, si on en excepte les vents verticaux ascendans et descendans, peuvent pénétrer dans les tuyaux par les ouvertures
latérales, tandis qu'il n'existe que les vents
verticaux obliques descendans qui puissent
pénétrer dans les ouvertures supérieures,
soit directement, soit par réflexion. Or, il est
facile de conclure que beaucoup moins de
directions de vent doivent pénétrer par le dé-
bouché supérieur que par les ouvertures la-

térales; mais le vent qui s'introduit par la bouche supérieure, descend nécessairement dans le tuyau, soit directement, soit par une suite de réflexions, tandis que les courans horizontaux et les courans ascendans qui pénètrent par les faces latérales, sortent nécessairement par les autres ouvertures. Ainsi, quoique le vent puisse pénétrer par les faces latérales dans un plus grand nombre de directions, un moins grand nombre sont susceptibles de produire des courans descendans que par l'orifice supérieur.

Clavelin et un grand nombre de fumistes conseillent de diminuer l'ouverture supérieure du tuyau, de façon qu'elle ne soit que le tiers environ de l'ouverture totale : on obtient cette diminution au moyen des *mitres*. Le courant de la fumée, s'échappant par une ouverture étroite, n'en acquiert que plus de force pour vaincre les obstacles qui s'opposent à sa sortie.

Depuis long-temps on fait usage, au-dessus des puits de mines, et de quelques cheminées, d'un tuyau horizontal ou d'un quart de sphère, tournant sur un axe au gré du vent. Comme l'ouverture de ces machines

est toujours opposée à sa direction, il est
impossible qu'il s'introduise dans le tuyau,
ce qui favorise la sortie du courant ascendant.

Dans le siècle dernier, on ne s'est guère
occupé que des moyens d'empêcher les vents
de s'introduire dans le tuyau de la cheminée,
et d'arrêter par là le mouvement du courant
ascendant; il est cependant un autre objet
dont il était essentiel de s'occuper en même
temps, c'était de favoriser le mouvement
ascensionnel qui a lieu dans l'intérieur du
tuyau, en employant la force des vents eux-
mêmes.

On a déjà vu que la diminution de l'ouverture de la bouche du tuyau, par le moyen
de mitres, accélérait la vitesse de la fumée
et favorisait le mouvement ascensionnel ;
mais ce moyen n'est pas le plus efficace ni le
seul qu'on puisse employer. *Vollon* en imagina un qui paraît préférable : c'est de cou-
vrir le tuyau de la cheminée d'un chapeau
qui laisse autour de l'ouverture un vide par
lequel la fumée puisse s'échapper. Delyle-
de-Saint-Martin, lieutenant de vaisseau,
présenta à l'Académie des Sciences, en 1788,

sous le nom de *Ventilateur*, une machine
analogue à celle de Vollon, propre à aspirer
l'air des tuyaux de cheminée, des hôpitaux,
des mines, etc. Des expériences ont été faites
avec cette machine, représentée *fig.* 23,
Pl. I. Par le moyen d'un soufflet A, ou de
toute autre machine soufflante, on dirigeait
un courant d'air sur un double chapeau C,
placé sur le sommet d'un tuyau B; on voyait
aussitôt la flamme d'une bougie E, attirée.
Ayant comparé, dans quelques circonstances,
la vitesse du courant d'air qui sortait du
soufflet, et qu'on nomme *courant aspirant*,
avec celui de l'air qui entrait dans le tuyau
F G, pour sortir par-dessous les chapeaux C,
et qu'on nomme *courant d'air aspiré*, on a
trouvé que lorsque le premier parcourait
quinze pieds par seconde, le second en parcourait cinq, c'est-à-dire qu'il avait environ
le tiers de sa vitesse. La même expérience,
répétée sur un tuyau recouvert d'un seul
chapeau, produit un résultat semblable.
Ce moyen paraît donc plus efficace que
ceux que l'on avait indiqués auparavant;
car il forme un obstacle à l'entrée du vent
dans la cheminée, il rétrécit l'ouverture du

tuyau, et favorise la vitesse de la fumée qui
en sort. Enfin, il a, par-dessus tous les autres, l'avantage d'aspirer l'air et d'établir un
mouvement ascensionnel, lorsque ce dernier
et les vapeurs contenues dans la cheminée
sont calmes et tranquilles. M. Molard a ajouté
à ce système une lentille D, qui a le double
avantage d'empêcher que les eaux pluviales
ou les vents verticaux pénètrent dans le tuyau
et d'augmenter en même temps l'énergie du
courant d'air aspirant.

Une cause assez commune de la fumée des
cheminées, c'est l'action des rayons solaires.
On remarque presque généralement que si
les cheminées sont ouvertes par le haut, et
que les rayons solaires puissent pénétrer dans
l'intérieur du tuyau, on voit la fumée refluer
dans l'appartement, quoique peu d'instans
avant la pénétration des rayons le tirage fût
parfaitement établi.

On peut expliquer ainsi le résultat de l'action des rayons solaires : aussitôt que ces
rayons entrent dans le tuyau, ils échauffent
les parois intérieures; et bientôt un courant
d'air extérieur se porte de toutes parts vers
le lieu échauffé pour remplacer l'air qui l'en-

vironne, et qui, échauffé par le contact,
s'élève. Parmi tous ces courans, il en existe
qui viennent obliquement, en descendant,
se précipiter vers l'endroit échauffé; une partie de l'air des courans incidens s'échauffe et
s'élève, une autre partie se réfléchit dans
l'intérieur, et par une suite de réflexions il
produit un courant descendant qui entraîne
une partie de la fumée, et la fait refluer vers
le foyer et se répandre dans l'appartement.
Plus la surface éclairée par les rayons solaires
est échauffée, plus les courans qui y arrivent
ont de vitesse, et plus les courans réfléchis
et descendans ont de force, conséquemment
plus le refoulement est considérable. Or,
comme l'intérieur du tuyau est toujours coloré en noir par la suie, et que le noir absorbe plus la chaleur que toute autre couleur,
il s'ensuit que le courant d'air refluant est
d'autant plus grand que la couleur de l'intérieur du tuyau est plus noire, que les
rayons solaires éclairent une plus grande
surface de l'intérieur du tuyau.

ARTICLE II.

Danger des Mîtres en plâtre. (1)

Les reproches que l'on peut faire aux mitres en plâtre sont : qu'aux époques des grands vents il n'est que trop fréquent qu'il arrive que la chute des mitres ou de leurs deux tuiles menacent la vie des passans; la légèreté des mitres en plâtre présentant moins de résistance au·vent que ne font par leur poids celles en grès , ajoute encore aux chances des accidens et les multiplie. Si aux coups de vent succèdent des neiges et des gelées qui empêchent de monter sur les toits, on ne peut alors réparer le haut des tuyaux de cheminées, et l'on est privé de faire du feu dans la saison où il est le plus nécessaire, parce que quelquefois les deux tuiles n'étant que peu scellées par un enduit de plâtre, tombent l'une sur l'autre et ferment l'orifice du tuyau.

Pour remédier en partie à cet inconvénient on a coulé des mitres en plâtre d'une seule pièce avec des fantons en fer, mais elles conservent encore l'inconvénient de ne

---

(1) *Bulletin de la Société d'Encour.* , septième année.

pas durer plus de deux ans, attendu que le plâtre offre peu de résistance aux variations de la température, et que d'ailleurs leur défaut de légèreté n'est pas corrigé.

Des Mitres en terre cuite.

Convaincu des inconvéniens précédens, M. Fougerolles a proposé des mitres en terre cuite, qui offrent la plus grande résistance, et qui réunissent à l'avantage de la solidité celui d'une moindre dépense, à cause de leur durée.

Pour donner toute la solidité désirable aux mitres, M. Fougerolles y a formé dans le bas une partie en arrachement; il en a fait une de même dans la portion inférieure des tuiles à double crochet, destinées à être fixées sur ses mitres. Les trous qu'il a pratiqués pour recevoir des crampons de fer, soit qu'on veuille obtenir une plus grande solidité, soit pour les pays où l'on ne peut se procurer du plâtre, ne laissent rien à désirer, d'autant plus que le plâtre peut alors s'employer intérieurement, ce qui le préserve entièrement de l'influence de l'atmosphère.

Pour éviter aussi l'inconvénient de l'eau qui pourrait s'insinuer et s'infiltrer entre la terre cuite et le plâtre, et qui retomberait ainsi dans le tuyau de la cheminée, il a formé au bas des mitres un rebord qui recouvre le *solin;* et le plâtre s'adaptant sous ce rebord, s'y trouve entièrement à l'abri. Cette précaution ajoute encore à la solidité.

ARTICLE IV.

Appareil fumifuge de M. Piault.

L'objet de cet appareil est d'empêcher le vent de s'introduire dans le tuyau de la cheminée, et de garantir de l'action du soleil une partie de l'intérieur du tuyau.

Il se compose d'une cloison *a* (*fig.* 35, *Pl. I*), qui partage transversalement le tuyau de la cheminée; elle pénètre dans son intérieur d'environ un pied, et s'élève au-dessus de la même quantité.

De deux portions de murs *b b*, dont chacune s'élève des faces longitudinales la cheminée; elles viennent s'unir à angle droit, mais chacune en sens contraire, aux extrémités de la cloison transversale, de sorte que ces deux portions de mur, unies à la cloison et de la même hauteur qu'elle, ont la forme d'un Z.

Les ouvertures de la cheminée sont indiquées par les lettres *c c.*

On perfectionnerait peut-être cette construction en donnant aux faces de la cloison, et à celles des portions de la cheminée qui s'y unissent, une inclinaison telle, que le vent soit réfléchi dans un sens opposé à celui de l'ouverture de la cheminée.

Dans les tuyaux de cheminées ordinaires, le vent est justement réfléchi dans l'intérieur de cette ouverture.

Au reste, cet appareil a été construit sur un grand nombre de cheminées, et toujours avec succès. (1)

ARTICLE V.

Des T *fumifuges.* (2)

Pour éviter certains vents violens qui pourraient faire refouler la fumée dans les

---

(1) *Bulletin de la Société d'Encour.*, première année.

(2) M. Désarnod a présenté, en 1817, à la Société

appartemens, empêcher la pluie, etc., d'entrer dans le tuyau de la cheminée, enfin, empêcher la cheminée de fumer, on place très souvent des tuyaux (*fig.* 39, *Pl. I*) dont la forme ressemble à celle d'un T, et qui

---

d'Encouragement, plusieurs appareils fumifuges pour lesquels il a obtenu un brevet de quinze ans. Ces appareils consistent, 1°. en un T fumifuge composé d'un tuyau vertical en tôle, surmonté d'une portion de tuyau carrée et cintrée, dont les deux extrémités sont ouvertes pour laisser échapper la fumée; 2°. d'un globe en tôle, percé, sur toute sa circonférence, d'orifices sur lesquels sont ajustés de petits tubes coniques, surmontés chacun d'une calotte assez éloignée de l'ouverture pour donner passage à la fumée; 3°. d'une lanterne divisée intérieurement en seize parties égales, dont huit forment alternativement des ouvertures : elle est entourée d'une zone pleine, à une distance convenable pour garantir ces mêmes ouvertures des effets du vent, et de manière à ne laisser échapper la fumée que par-dessous ou en dessus, selon la direction du vent; 4°. d'un triangle fumifuge; 5°. d'une bascule qui a la propriété de se fermer du côté d'où vient le vent, et, par ce moyen, de laisser échapper la fumée du côté opposé. Chacun de ces appareils s'adapte à une base, espèce de mitre analogue à celles en plâtre, et y est solidement scellé.

(*Rapp. à la Soc. d'Enc.*, séance du 25 mars 1818.)

présentent des ouvertures *a b c*, pour l'évacuation de la fumée. L'efficacité de ce moyen
consiste en ce que le courant de la fumée s'échappant par une ouverture beaucoup plus
étroite que celle d'un tuyau ordinaire de cheminée, acquiert plus de force pour vaincre les
obstacles qui s'opposaient à sa sortie.

ARTICLE VI.

Des Gueules-de-loup à girouette.

La construction la plus simple de cet appareil est celle indiquée (*fig.* 34, *Pl. I*);
elle se compose d'un tuyau rond de tôle *a b c
d*, que l'on fixe sur le sommet du tuyau de la
cheminée, et qui devient ainsi l'ouverture
par où sort la fumée;

De deux traverses de fer *e* et *f* auxquelles
une tige verticale *h h* est solidement fixée;

D'un autre tuyau d'un diamètre plus
grand, *i k l m*, armé également de deux
traverses *g g*; celle inférieure est percée d'un
trou pour laisser passer librement la tige verticale *h h*; celle supérieure a une crapaudine
pour recevoir l'extrémité supérieure de la
tige *h h*, qui est taillée en pivot à l'effet de

laisser tourner facilement　tout le tuyau
i k l m.

La partie *o* du tuyau *i k l m* a été enlevée, et présente une ouverture, *r s t u*, pour
laisser échapper la fumée.

La partie supérieure *l m* est recouverte et
est surmontée d'une plaque de tôle verticale
v x, partant du centre et dirigée du côté de
l'ouverture *o*.

Lorsque le vent vient frapper la plaque *vx*,
elle tourne comme une girouette, et entraîne
dans son mouvement tout le tuyau *i k l m*,
de sorte que son ouverture se trouve constamment dirigée du côté opposé d'où vient
le vent; il en résulte que non seulement le
vent n'empêchera pas la fumée de sortir,
mais en facilitera la sortie.

Quelquefois cet appareil a la forme représentée (*fig.* 32, *Pl. I*), c'est-à-dire qu'il
est formé de deux tuyaux coudés *a* et *b*,
dont la disposition intérieure est la même
que celle de la figure précédente.

On a cherché à rendre le vent favorable
au courant ascendant de la fumée, et on y a
réussi de plusieurs manières.

La première consiste à ajouter à l'appareil

un entonnoir *f g* (*fig.* 38), dans lequel le vent, en s'introduisant par l'ouverture *g*, sort par l'extrémité du tube *f*, et établit un courant dans le tube *q b*, s'il n'y en a pas, ou lui donne plus de vitesse s'il y en a un.

La seconde consiste à placer dans l'intérieur du cylindre *b c* (*fig.* 32) une hélice de tôle, de fer ou de cuivre, *a b c* (*fig.* 40), montée sur un axe *a i*, dont l'extrémité est armée d'un moulinet également de tôle, et dont les ailes sont en surfaces gauches comme celles d'un moulin à vent. Le moulin mis en mouvement par la force du vent, fait tourner l'axe sur lequel l'hélice est fixée, et établit un courant dans le tuyau *b c* qui facilite l'ascension de la fumée; il faut que l'hélice tourne dans le sens convenable, car elle contrarierait le tirage si elle avait un mouvement de rotation opposé.

On a construit sur les principes de l'appareil d'essai dont nous avons donné la description page 193, et pour suppléer au tuyau tournant, un appareil (*fig.* 37, *Pl. I*), qui se compose de deux cônes *a* et *b*, placés au sommet du tuyau *d*, qui communique avec le tuyau de la cheminée, et d'une couverture *f* pour recevoir les eaux pluviales ; voici l'effet de cette disposition : lorsque le vent frappe les surfaces inclinées *a* et *b* des deux cônes (1), il change de direction en se rapprochant de la direction verticale, et établit à l'orifice *c* une diminution de pression atmosphérique qui favorise le tirage.

ARTICLE VII.

Des Trappes à bascule.

Une trappe à bascule consiste en une plaque de tôle *a b* (*fig.* 9, *Pl. I*), portée par un châssis en fer et ajustée au moyen de deux gonds ou deux tourillons formant charnières, et donnant la facilité de lever à volonté la plaque de tôle au moyen d'une tige qui y est fixée, et qu'on arrête dans une crémaillère *c d*.

Les dimensions de cette trappe doivent être égales à celles du tuyau de la cheminée pour le boucher exactement ; son emplacement ordinaire est à la gorge, ainsi que l'indique la *fig.* 9, afin de pouvoir la manœuvrer commodément.

---

(1) On a trouvé que l'inclinaison de 60 degrés est la meilleure.

Cette trappe réunit plusieurs propriétés fort utiles, telles que, 1$_0$. de servir à régler le tirage du tuyau de la cheminée, en l'ouvrant plus ou moins, de manière à ne laisser que le passage strictement nécessaire pour l'évacuation de la fumée.

2°. En la fermant complétement, de conserver la chaleur dans l'appartement, soit le jour soit la nuit, lorsqu'il n'y a plus qu'un brasier dans le foyer, ou que le feu est éteint.

3°. Elle empêche encore que la fumée des cheminées voisines n'entre dans une chambre dans laquelle on ne fait pas de feu, comme cela arrive fréquemment. (*Voyez* page 176.)

4°. Enfin, elle peut servir à éteindre le feu dans une cheminée en fermant tout accès à l'air dans l'intérieur du tuyau embrasé.

La dépense que l'établissement de cette trappe occasione est si peu de chose, qu'il devrait y en avoir dans tous les tuyaux de cheminées.

CHAPITRE VII.

Moyen pour déterminer les dimensions des tuyaux de Cheminées. — Vices de construction des Cheminées. — Des différens moyens de remplacer les tuyaux rectangulaires des Cheminées.

ARTICLE PREMIER.

Moyen pour déterminer les dimensions des tuyaux de Cheminées.

Lorsque la hauteur d'une cheminée est fixée, on part de cette limite pour déterminer les dimensions du passage de la fumée ou de la section du tuyau de la cheminée, car plus une cheminée est élevée, moins la section de son tuyau devra être grande pour brûler une quantité de combustible donnée en un temps déterminé, parce que l'air montera beaucoup plus vite. Supposons, par exemple, qu'on se propose de brûler 80 kilogrammes de charbon par heure, que la cheminée ait 20 mètres de hauteur et que la température intérieure dans le tuyau de la cheminée soit de 150 degrés.

Nous avons dit (page 28) qu'il fallait 20

mètres cubes d'air par kilog., ce qui fait, pour 80 kilog., 1,600 mètres cubes.

L'air, à 150 degrés, sera dilaté de $150 \times 0,0375 = 0^m,563$; un mètre deviendra donc $1^m,563$.

La colonne de la cheminée qui a 20 mètres n'équivaudrait qu'à $\frac{20}{1,563} = 12^m,80$.

En ajoutant l'augmentation de $\frac{1}{26}$ due au carbone combiné, elle équivaudra à $12^m,80 + \frac{12,80}{26} = 13^m,30$.

Ainsi l'excès de la colonne extérieure sera de $20^m - 13^m,30 = 6^m,70$.

La vitesse due à la pression de $6^m,70$ est de $4,43 \times \sqrt{6,70} = 11^m,45$ par seconde, et par heure $11^m,45 \times 3600 = 41220^m$. La section horizontale de la cheminée devra donc être de $\frac{1600}{41220} = 0^m,0388$, environ un carré de deux décimètres de côté.

Ces résultats ne sont pas rigoureusement applicables, parce que toutes les données sont variables, la nature et la qualité du combustible, les différentes températures de l'atmosphère, les vents, les rayons du soleil, la suie, etc., etc. ; et pour ne pas être au-dessous de l'ouverture nécessaire au passage de la fumée, il faudra quadrupler la surface

de la section trouvée par le calcul. Il est préférable, d'ailleurs, d'avoir un tuyau de cheminée trop large que trop étroit, vu qu'il
est facile de le diminuer au moyen d'une
trappe à bascule. (*Voyez* page 204.)

(*Voyez* page 204.)

ARTICLE II.

Vices de construction des Cheminées.

« Les cheminées construites en plâtre, dit
M. Guyton-Morveau (1), n'offrent point de
solidité ; les meilleurs ouvriers conviennent
qu'il faut les reconstruire tous les 20 ou 25
ans au plus, c'est-à-dire qu'après une aussi
courte durée il faut démolir au moins tout
ce qui s'élève hors du toit, découvrir une
partie des combles pour placer les échafauds,
et exposer les plafonds, les boiseries, etc., à
être dégradés par les pluies ; le plus souvent,
sans attendre ce terme, on est obligé de les
réparer, de remailler les écaries qui se dé-
tachent, et de boucher les crevasses qui s'y
forment ; elles sont d'autant moins sûres que
ce n'est pas seulement dans la partie qui s'é-

---

(1) *Annales de Chimie*, 1807, tome LXIV. — *Bulletin
de la Société d'Encouragement*, n° 42, page 155.

lève au-dessus des toits qu'il se forme des crevasses, il s'en forme aussi dans leurs parois intérieures, presque toujours recouvertes de lambris, de papier de tenture, etc., de sorte qu'on n'est averti que quand la fumée commence à prendre cette route, et par les traces qu'elle laisse de son passage. Ces dégradations sourdes sont si communes, même dans les cheminées construites ou refaites depuis peu d'années, que l'on ne peut trop admirer que les incendies qu'elles peuvent occasioner ne soient pas plus fréquens. Les anciens réglemens défendent expressément d'approcher des cheminées aucun bois, sans qu'il y ait au moins 6 pouces (16 centimètres) de charge ; ne serait-ce pas surtout aux cheminées élevées tout en plâtre, que l'on devrait faire une sévère application de cette disposition ? Le plâtre est la matière la moins propre à construire des cheminées, quand il n'est pas simplement employé à assembler et à revêtir des matériaux d'une plus grande tenacité ; l'eau des pluies, et celle qui s'élève avec la fumée, l'attaquent très promptement ; la chaleur de l'intérieur lui fait éprouver une dessication, ou pour

mieux dire, un commencement de calcina-
tion qui détruit insensiblement la liaison de
ses parties.

« Ce n'est pas tant parce que les tuyaux en
plâtre coûtent moins que ceux en brique,
que l'on adopte ce genre de construction ;
ce qui détermine cette préférence, c'est la
commodité qu'il présente pour construire
avec moins d'épaisseur, pour placer plusieurs
tuyaux sur une même ligne, pour les dévoyer sans les soutenir hors de leur aplomb ;
pour les adosser enfin les uns aux autres,
sans faire de trop grandes saillies dans les
appartemens.

« Les cheminées construites sur ces dimensions *sont très sujettes à fumer;* le seul
moyen de s'en garantir est de réduire les
tuyaux de conduite à des dimensions telles
qu'ils soient en proportion de la masse de
vapeurs fuligineuses qu'ils doivent recevoir ;
qu'ils ne soient pas assez resserrés pour donner lieu, dans aucun temps, à la poussée
par la chaleur ; qu'ils ne soient point assez
grands pour qu'il puisse s'y établir deux courans, l'un ascendant, l'autre descendant ;
pour qu'enfin les vapeurs et les gaz à demi

condensés ne deviennent pas incapables de
résister à la pression de l'atmosphère et à
l'impulsion du moindre vent.

« Ces principes sont tellement ignorés de la
plupart des constructeurs, que lorsqu'il s'a-
git d'échauffer l'antichambre, c'est-à-dire
la plus grande pièce de la maison, où le feu
est communément le premier allumé et le
dernier éteint, ils placent un gros poêle dans
une niche, et ne donnent d'issue à la fumée
que par un tuyau de 4 à 5 pouces de diamètre (11 à 14 centimètres); tandis que
dans d'autres pièces moins vastes, où l'on
ne consomme pas souvent la moitié du bois,
la fumée est reçue dans un canal de 3 pieds
de long (0,97 centimètres) sur 10 pouces de
large (0,27 centimètres), c'est-à-dire ayant
dix-sept fois plus de capacité.

« Le remède le plus généralement employé
sont les *ventouses*, c'est-à-dire le rétrécissement du tuyau par une cloison mince que
l'on pratique dans l'intérieur, le plus souvent jusqu'à la hauteur du toit, ou du moins
jusqu'au grenier. On croit que l'effet de cette
construction est de ramener dans l'appartement l'air que ce conduit reçoit d'en haut

par une petite ouverture latérale : il est bien
plus dans la diminution de la capacité du
tuyau : on en a la preuve si l'on bouche
l'orifice inférieur d'une ventouse, ce qui
arrive fréquemment, soit en changeant la
forme des âtres, soit pour n'avoir plus à
supporter l'incommodité d'un torrent continuel d'air froid.

« Le moyen de remédier à la fumée par les
ventouses, contribue à diminuer la solidité
des cheminées et donne lieu à de graves accidens, car quelle solidité peut-on donner à
de larges et minces carreaux de plâtre qu'on
est obligé de placer après coup dans un tuyau
de 10 pouces (0,27 centimètres), dont il
faudrait crever un côté pour les loger dans
des écharpemens, et qu'on ne fixe que par un
léger jointoiement sur des parois à peine dé-
pouillées de suie ? Les crevasses, les *déjoints*
ne tardent pas à s'y former par l'action de
la chaleur et des vapeurs *aqueuses*. On en a
la preuve dans les démolitions de toutes les
cheminées ainsi cloisonnées. Que la fumée
prenne cette route, il s'y dépose, à la longue,
de la suie que le ramoneur ne peut faire
tomber ; et à la première étincelle, le foyer

est d'autant plus dangereux, que la flamme est portée par le trou de la ventouse plus près de la charpente, quelquefois même au-dessous du toit. »

Des différens moyens de remplacer les tuyaux rectangu-laires des Cheminées.

L'idée de remplacer les lourds tuyaux carrés en maçonnerie qui occupent un grand espace dans les appartemens, est assez ancienne et a été l'objet des recherches de plusieurs artistes. En 1809, *M. Brullée* (1) imagina d'appliquer des tuyaux en terre cuite à une cheminée, et avant lui M. Ollivier avait employé le même moyen pour ses calorifères, et l'on connaît des cheminées de *Désarnod* qui se terminent par un gros tuyau montant. D'ailleurs, depuis long-temps on fait usage de poêles dont le tuyau inférieur passe dans les appartemens supérieurs pour les échauffer. On peut citer à cet égard le poêle ventilateur que Curaudau a appliqué avec succès

(1) *Bulletin de la Soc. d'Encour.*, neuvième année.

au cnauffage des ateliers de la mauufacture de porcelaine de M. *Nast.*

Une colonne creuse, en terre cuite, semblable à celle que l'on met sur les poêles, est placée sur le milieu de la tablette dans la cheminée de M. Brullée, ou sur chacun des côtés, et il propose de la prolonger dans tous les étages supérieurs, de manière qu'en supposant qu'il y eût une cheminée au rez-de-chaussée, une au premier étage et une au second, il y aurait au rez-de-chaussée au moins un tuyau composé de tronçons de colonnes isolés du mur; au premier étage il y aurait deux tuyaux, et au second étage il y en aurait trois. Cette construction permettrait de remplacer les gros murs par des cloisons couvertes de plâtre, de 8 pouces d'épaisseur, ou des murs bâtis en pierre ou en briques de 10 pouces, et de gagner ainsi 2 pieds d'emplacement dans la longueur des appartemens. Elle aurait en outre l'avantage de garantir des incendies qu'occasionent les tuyaux ordinaires de cheminées; d'assurer aux propriétaires une économie assez considérable sur les dépenses de construction; de supprimer les têtes de cheminées, les mitres et leurs murs dosserets qui excèdent les combles des bâtimens, et dout la chute, occasionée par les grands vents, expose les passans à de fréquens accidens.

Il est hors de doute que des tuyaux de cheminées en terre cuite, fabriqués avec soin, n'auraient pas les défauts des tuyaux actuels. En employant quelques précautions pour leur faire traverser les planchers, ils offrent le moyen de placer des cheminées presque partout dans les maisons déjà construites. En isolant les tuyaux des murs, ils laisseront dégager plus de calorique que les tuyaux ordinaires. En les engageant dans les murs et les revêtissant de plâtre, ils seront plus solides et occuperont moins d'espace. Enfin, ils participeront à plusieurs des avantages reconnus généralement aux tuyaux de petite dimension construits en briques, en usage à Lyon et dans plusieurs autres villes; ils pourront être ramonés avec une corde et un fagot de ramée.

Néanmoins, ces constructions peuvent causer de fréquens incendies; si la suie, amassée dans ces conduits, vient à prendre feu, la haute température, développée tout à coup, fait fendre ou tomber en éclats une partie du tuyau, et la flamme peut pénétrer jusqu'aux pièces de bois les plus voisines et gagner ensuite tout le reste de la maison. Pour éviter ce danger, on a proposé de vernir l'intérieur de ces tuyaux, comme on vernit la poterie ordinaire servant à la cuisson des alimens, afin que la suie ne s'attache pas avec autant de facilité aux parois du tuyau; mais ce moyen ne présente pas encore assez de sécurité, et on préfère faire usage de tuyaux en fonte qui réunissent à une grande solidité, l'avantage de pouvoir utiliser une partie de la chaleur que la fumée emporte, parce que, comme on le sait, la fonte est meilleur conducteur du calorique que les briques et le plâtre.

Enfin, M. Gourlier (1) a imaginé, en 1824, de former des tuyaux au moyen de briques cintrées d'un quart de cercle chacune, dont quatre, réunies, présentent un cylindre creux, de 8 à 9 pouces de diamètre, et un carré de 16 pouces, y compris leurs angles

––––––––––––––––

(1) Exposition des produits de l'industrie française en 1827.

extérieurs. On leur fait couper liaison en les superposant ; on les réunit par un léger coulis de plâtre et un enduit de même matière, ce qui donne dans la partie la plus mince, c'est-à-dire la plus cintrée à la face du mur, au moins 3 pouces d'épaisseur. Ces briques, représentées *fig.* 23, *Pl. I*, sont de deux modèles ; elles se terminent par des angles à l'extérieur, se lient parfaitement avec les moellons, parce qu'elles jettent des harpes qui les y attachent : on peut former plusieurs tuyaux semblables et contigus, qui font corps ensemble et se consolident les uns les autres.

Le diamètre donné aux tuyaux de M. Gourlier ne permet pas à un enfant de s'y introduire pour les ramoner ; mais il y remédie facilement à l'aide d'un cylindre plein, attaché à une chaîne qu'on introduit par l'orifice supérieur pour le laisser couler jusqu'au bas. Les crevasses qui pourraient se faire à la longue par les joints des briques, sont faciles à réparer ; enfin, comme ces tuyaux ne font point saillie dans les appartemens, comme ceux qui sont adossés aux murs, et qu'ils occupent peu d'espace, ils ne peuvent nuire

ni aux dispositions qu'on y veut faire ni à
leur régularité ; ils offrent des moyens plus
faciles de placer les planchers et les solives
d'enchevêtrure.

———

CHAPITRE VIII.

Des Poêles. — De leur matière. — De leur forme. —
De l'épaisseur de leurs parois. — De leurs tuyaux.
— Poêle de M. Guyton-Morveau. — De Désarnod.
— De Curaudau. — Économique de M. J. B. Bérard.
— Fumivore de M. Thilorier. — Moyen d'améliorer
les poêles ordinaires de faïence, proposé par M. Thilorier. — Poêle cuisine fumivore de M. Thilorier.
— Poêle de M. Debret. — Poêle Voyenne. — Poêle
à tuyaux renversés. — Perfectionnement dans les
poêles. — Poêle de M. Fortier. — Moyen d'augmenter
la chaleur des poêles, par M. Conté. — Poêle-fourneau de M. Harel. — Des Fourneaux d'appel. —
Des Bouches de chaleur. — Montage et Démontage
des Poêles ordinaires et de leurs tuyaux.

ARTICLE PREMIER.

Des Poêles.

Les poêles sont un moyen de chauffage
beaucoup plus parfait que les cheminées ordinaires; ils utilisent une plus grande quantité de calorique, laquelle, d'après les expériences (voyez chap. XI), est dans le rapport
de 19 à 122; c'est-à-dire qu'un poêle est
six fois plus économique qu'une cheminée

ordinaire ; il a en outre l'avantage de fumer très rarement, parce que le tirage est beaucoup plus énergique ; cependant la supériorité des poêles est fort peu marquée quand on les compare aux cheminées perfectionnées, telles que celles de Désarnod : elle ne se trouve plus que dans le rapport de 19 à 25.

Les poêles jouissent de la propriété de ne pas exiger un renouvellement d'air aussi considérable que les cheminées, parce qu'il n'y a, d'après leur construction, que l'air nécessaire à la combustion, qui est entraîné dans les tuyaux, après avoir passé au travers du feu.

Lorsque les ouvertures qui existent dans l'appartement ne laissent pas entrer une quantité beaucoup plus considérable d'air que celui absorbé par la combustion, le renouvellement de l'air est trop peu abondant, il en résulte une gêne dans la respiration des personnes qui habitent l'appartement où est le poêle, et c'est pour cette raison qu'on reproche à ce mode de chauffage de produire une chaleur *étouffante*, ce qui ne doit pas être entendu par une chaleur trop forte ; on peut remédier à cet inconvénient en construisant le poêle comme nous l'indiquerons à l'article xvii. On évitera par cette disposition les courans d'air froid et une grande perte de chaleur ; ce moyen consiste à faire circuler de l'air pris au-dehors autour des faces du poêle ou des tuyaux pour se répandre dans l'appartement après s'être échauffé.

Nous venons de dire qu'un poêle aspire une beaucoup moindre quantité d'air de l'appartement, qu'une cheminée, parce que le soupirail par lequel le courant entre dans l'appareil est réduit à de très petites dimensions qu'on peut encore diminuer à volonté au moyen d'une petite porte à coulisse ; de sorte qu'il ne consomme guère au-delà de ce qui est indispensable pour alimenter la combustion ; et il est même possible d'éviter que l'air nécessaire à la combustion soit pris aux dépens de l'appartement, en établissant un conduit qui prenne l'air à l'extérieur, et qui l'amène à la porte du foyer pour le diriger sous le combustible ; une porte qui se fermerait hermétiquement et placée dans un endroit quelconque du poêle servirait à introduire le combustible, et à surveiller le feu.

Dans un grand nombre de pays, principalement dans ceux dont les hivers sont très froids, comme dans le nord de l'Europe, les poêles placés dans les appartemens ont dehors ou dans une autre chambre, l'ouverture par laquelle on met le combustible, et par laquelle arrive l'air nécessaire à la combustion; par ce moyen on est parfaitement chauffé, avec peu de combustible, et il ne peut s'introduire d'air froid par aucune fente, parce qu'il n'en sort pas de la chambre qu'il faille remplacer, mais on y est réduit à respirer constamment le même air, et pour ne pas y être incommodé il faut avoir recours aux moyens que nous avons indiqués à l'article *Ventilation*; page 58.

Dans les deux cas ci-dessus, on n'aurait plus à renouveler dans l'appartement que l'air nécessaire à la respiration.

On pourrait disposer un poêle de manière à voir le feu comme dans une cheminée, en appliquant un châssis vitré sur une de ses faces, ou en faisant la porte plus grande; et en y plaçant des carreaux de vitre ainsi que nous l'avons indiqué page 151, pour les cheminées.

Enfin, un poêle a encore l'avantage de fu-

mer beaucoup plus rarement qu'une cheminée; parce que le tirage étant plus fort,
oppose un obstacle plus difficile à vaincre aux
différentes causes qui occasionent le refoulement de la fumée; cependant, s'il en existait
d'assez puissantes pour faire fumer les poêles,
les remèdes seront les mêmes que ceux que
nous avons indiqués pour les cheminées.

De la matière des Poêles.

La chaleur produite par un poêle se transmet en traversant ses parois, et la quantité
de calorique émise dépend du plus ou moins
de conductibilité de la matière dont il est
formé; on devra préférer le métal à toute
autre substance; le fer est préférable au
cuivre sous le rapport de l'économie dans la
dépense. Quant à la faïence, comme elle est
du nombre des corps mauvais conducteurs,
on devrait en abandonner l'emploi.

On est dans l'usage de remplir avec des
briques la partie de l'intérieur des poêles
qui n'est pas destinée au combustible; du
métal remplirait beaucoup mieux l'objet

qu'on se propose ; le seul inconvénient qu'il
y aurait serait un surcroît de dépense.

De la forme des Poêles.

Les poêles en usage sont ronds ou carrés ;
les premiers ont l'avantage de s'échauffer
partout également, parce que les parois
sont, sur toute la circonférence, à égale
distance du feu, et par conséquent s'é-
chauffent également dans toutes les directions, tandis qu'un poêle carré s'échauffant davantage dans le milieu des côtés que
dans les angles, échauffe inégalement dans
son voisinage. D'ailleurs, la combustion
ayant lieu généralement au centre de la
capacité, le poêle cylindrique doit produire un peu plus de chaleur que le carré,
à cause de la perte de calorique qu'éprouvent les rayons qui ont plus de chemin à
parcourir pour atteindre la surface qu'ils
doivent pénétrer.

Enfin, sous le rapport de la durée des
deux appareils, le poêle rond l'emporte
encore sur le carré, parce que dans celui-

ci, l'inégalité d'échauffement de ses surfaces peut en occasioner la rupture, ce
qui se remarque généralement dans les
poêles de faïence, tandis que ce désavantage n'a pas lieu dans le poêle rond, d'une
manière aussi sensible du moins.

ARTICLE IV.

De l'épaisseur des parois des Poêles.

On peut diviser les poêles en deux parties,
sous le rapport de l'épaisseur de leurs parois ;
la première, à parois minces, la seconde, à
parois épaisses. Il est facile de concevoir que
plus les parois sont épaisses, plus le calorique éprouve de difficulté à pénétrer, et
moins, par conséquent, il y a de chaleur
produite dans l'appartement ; car si les parois, par exemple, avaient 2 ou 3 pieds
d'épaisseur, jamais la surface extérieure
n'arriverait à la chaleur rouge avec nos feux
ordinaires. Il est vrai qu'il s'accumulerait
une plus grande quantité de calorique, qui
se répandrait ensuite lentement dans la
chambre, sans perte dans l'appartement.
Or, il arriverait que l'air intérieur du poêle

serait beaucoup plus échauffé par le contact
des parois, et que le courant emporterait
continuellement une plus grande quantité
de chaleur dans le conduit de la cheminée,
ce qui se reconnaîtrait à l'extrême chaleur
que contracterait le bout du tuyau qui
aboutit à la cheminée ; il faut ajouter la diminution de mouvement ou de force qu'é-
prouveraient les rayons de calorique à la
rencontre des parois presque impénétrables.
Il paraît donc hors de doute qu'il y a réel-
lement, par l'effet de ces deux causes, une
perte de chaleur avec des parois très
épaisses.

D'un autre côté, lorsque les parois sont
minces, elles s'échauffent plus promptement ; le calorique se répand avec plus de
vitesse dans l'appartement ; mais aussi il
s'échappe avec plus de facilité.

Nous conclurons donc qu'à dépenses égales
de combustible, avec des parois minces, il
y a moins de perte de chaleur, et que l'appartement est promptement échauffé ; ce
qui convient aux pays froids où cette sorte
de poêle est en effet plus en usage. Qu'avec
des parois épaisses, il y a plus de perte de

calorique, mais qu'on a un réservoir de chaleur permanente qui se verse lentement dans l'appartement, de manière à y entretenir une température plus égale; et que cette sorte de poêle convient aux climats tempérés et où l'économie est d'une importance moins grande.

ARTICLE V.

Des tuyaux de Poêles.

La chaleur contenue dans le courant d'air brûlé est si considérable qu'on peut *doubler* la chaleur que produirait un poêle de métal, en adaptant à l'appareil des tuyaux suffisamment longs, et la *tripler* si le poêle est en faïence. Ces tuyaux doivent être faits en métal le plus mince possible, pour que la chaleur passe plus promptement au travers de leurs parois.

Cette longueur a cependant des limites, parce que si la température de l'air brûlé, à sa sortie du tuyau de la cheminée, se rapprochait de la température de l'air extérieur, le tirage n'aurait plus lieu.

Le tirage est souvent diminué et la combustion ralentie dans un poêle, par les coudes que l'on fait faire aux tuyaux d'un poêle,

parce que la vitesse du courant d'air brûlé
est moindre que lorsqu'ils ne font pas d'angles entre eux. Ce ralentissement du courant
est dû au frottement contre les parois et
au choc qui a lieu dans les angles à chaque
changement de direction? Il résulte cependant un avantage de cette disposition de
tuyaux coudés, c'est que la fumée dépose
dans l'appartement une plus grande partie
de sa chaleur avant d'arriver dans le tuyau
de la cheminée.

Lorsque le tirage ne sera pas assez énergique et que la combustion n'aura pas assez
d'activité, il faudra donc diminuer le nombre des coudes ou la longueur des tuyaux,
ou enfin, placer des tuyaux faits avec une
matière du nombre des mauvais conducteurs du calorique; mais ce moyen fera
perdre beaucoup de chaleur dans l'appartement.

ARTICLE VI.

Poéle construit sur les principes des Cheminées sué-
doises, avec bouches de chaleur, par M. Guyton-
Morveau. (1)

Avant de donner la description de ce poêle,

---

(1) Extrait des *Annales de Chimie*, an X, tome XLI.

M. Guyton - Morveau entre dans quelques explications sur le calorique et sur la manière de l'obtenir : 1°. *On ne produit de chaleur qu'en proportion du volume d'air qui est consommé par le combustible ; 2°. la quantité de chaleur produite est plus grande avec une égale quantité du même combustible, lorsque la combustion est plus complète ; 3°.* la combustion est d'autant plus complète que la partie fuligineuse du combustible est plus long - temps arrêtée dans des canaux où elle puisse subir une seconde combustion ; 4°. il n'y a d'utile dans la chaleur produite, que celle qui se répand et se conserve dans l'espace que l'on veut échauffer ; 5°. la température sera d'autant plus élevée dans cet espace, que le courant d'air qui doit se renouveler pour entretenir la combustion sera moins disposé à s'approprier, en le traversant, une partie de la chaleur produite. De là plusieurs conséquences évidentes. 1o. Il faut isoler le foyer des corps qui pourraient communiquer rapidement la chaleur. Toute celle qui sort de l'appartement est en pure perte si elle n'est conduite à dessein dans une autre pièce ; 2°. la chaleur ne pouvant être produite que par la combustion, et la combustion ne pouvant être entretenue que par un courant d'air, il faut attirer ce courant dans des canaux, où il conserve la vitesse nécessaire, sans s'éloigner de l'espace à échauffer, de manière que la chaleur qu'il y dépose s'accumule graduellement dans l'ensemble du fourneau isolé, pour s'en écouler ensuite lentement, suivant les lois de l'équilibre de ce fluide ; 3o. le bois consommé, au point de ne plus donner de fumée, il est avantageux de fermer l'issue de ces canaux, pour y retenir la chaleur qui serait emportée dans le tuyau supérieur par la continuité du courant d'un air nouveau, qui serait nécessairement à une plus basse température ; 4o. enfin, il suit du cinquième principe, que toutes choses d'ailleurs égales, on obtiendra une température plus élevée et qui se soutiendra bien plus long-temps, en préparant dans l'intérieur des poêles, ou sous l'âtre des cheminées et dans leur pourtour, des tuyaux dans lesquels l'air tiré de dehors s'échauffe avant de pénétrer dans l'appartement pour servir à la combustion, ou pour remplacer celui qu'elle a consommé ; c'est ce que l'on a nommé *bouches de chaleur*, parce qu'au lieu d'envisager leur principale destination, on pense assez communément qu'elles ne sont faites que pour donner, par ces issues , un écoulement plus rapide à la chaleur produite. Cette opinion n'est pas absolument sans fondement, puisqu'il en résulte une jouissance plus actuelle en quelques points, et que l'air qui en sort n'a changé de température qu'en emportant une portion de la chaleur qui aurait séjourné dans l'intérieur; cependant ceux qui les proscriraient comme contraires à l'objet le plus essentiel, qui est de la retenir le plus long-temps possible, ne font pas attention qu'avec la possibilité de fermer ces issues, en interdisant par une simple coulisse la communication avec l'air du dehors, il est facile d'en retirer tous les avantages sans aucun inconvénient; ajoutons que, dans les appartemens resserrés ou exactement fermés, cette pratique devient indispensable, si l'on ne veut rester exposé à des courans d'air froid, et faire une part de combustible pour restituer la chaleur qu'ils absorbent continuellement.

L'expérience a prouvé que le poêle de

M. Guyton-Morveau présente une économie de 3o, 4o et jusqu'à 5o pour cent sur le combustible. Le service en est très facile ; il consiste à mettre à la fois tout le bois que peut contenir le foyer, qui est très petit ; à n'y introduire que du bois scié d'égale longueur, et dès qu'il a brûlé, à fermer la coulisse destinée à arrêter la communication des canaux de circulation avec le tuyau de la cheminée ; par ce moyen, toute la chaleur que le combustible a pu produire reste dans ces canaux, et n'en sort que lentement et seulement pour se répandre dans l'appartement ; au lieu qu'un morceau de bois qui n'aurait pas brûlé en même temps obligerait de laisser cette coulisse ouverte, et que le courant d'air nécessaire à la combustion emporterait dans le tuyau de la cheminée la plus grande partie de la chaleur produite. A la suite de ces observations l'auteur donne la description de ce poêle.

La *fig.* 16, *Pl. I*, représente le poêle vu de face ; sa hauteur est de 1^m,64 (61 pouces) non compris le vase qui est un ornement indépendant, simplement posé sur la table supérieure ; sa largeur est de o,85 (31 pouces ½).

Sa profondeur, de 0,58 (21 pouces.$\frac{1}{2}$). Son élévation peut, sans inconvénient, être portée à 2 mètres (6 pieds), ou être réduite à celle des poêles de laboratoire portant un bain de sable à la hauteur de la main.

Les deux autres dimensions sont détermi-nées par celle des briques destinées à former les canaux intérieurs de circulation, qui doi-vent elles-mêmes être dans des proportions données pour que la fumée y passe libre-ment, et cependant qu'il n'y entre pas avec elle une quantité d'air capable d'en opérer la condensation ou d'abaisser la température au-delà du degré nécessaire à son entière combustion.

V V sont les garnitures extérieures des deux bouches de chaleur.

M M, ouvertures du poêle par lesquelles entre l'air qui doit sortir par les bouches de chaleur. On les ferme lorsque l'on tire l'air du dehors par un tuyau caché sous le pavé, ce qui est bien plus favorable au renouvelle-ment de l'air respirable de l'appartement, et prévient le danger des courans d'air froid attiré par le foyer, ce qui devient nécessaire toutes les fois que le volume d'air de la chambre n'est pas suffisant pour fournir à la fois à la consommation du foyer et à la circulation dans les tuyaux de chaleur.

La *figure* 17, *Pl. I*, est le plan de la fondation de l'âtre à la hauteur du poêle, sur la ligne A B, *fig.* 16.

l l sont les parties vides pour recevoir et porter l'air dans les compartimens où il doit s'échauffer avant de sortir par les bouches de chaleur, soit qu'il arrive tout simplement par les ouvertures *m m* de la *fig.* 1re.

(*Figure* 18.) Plan à la hauteur de la ligne C D de la *fig.* 16, c'est-à-dire au-dessus de la porte du foyer; *n n n n* sont les doubles plaques de fonte formant les compartimens dans lesquels l'air doit recevoir l'impression de la chaleur du foyer.

o o le vide que ces plaques laissent entre elles.

(*Figure* 19.) Coupe en face sur la ligne I K, *fig.* 18. Les flèches indiquent la direction de la fumée dans les canaux de circulation de la partie antérieure.

On y retrouve les plaques de fer *n n* dans leur situation verticale, avec les languettes qui en forment les compartimens de chaque côté du foyer. Une de ces plaques est représentée de face, *fig*. 22.

T est une ouverture réservée au bas du quatrième canal de circulation pour établir, s'il est nécessaire, le tirage de l'air dans le foyer, en y brûlant quelques brins de papier ou autre léger combustible.

La porte de cette espèce d'appel ou de pompe à air doit fermer exactement. Il suffit, pour remplir cette condition, de tailler une portion de brique que l'on perce pour recevoir une poignée, et sur laquelle on fixe un morceau de fer battu en recouvrement.

(*Figure* 20.) Plan à la hauteur de la ligne E F de la *fig*. 16.

(*Figure* 21.) Coupe en travers sur la ligne G H de la *fig*. 18, qui fait voir la hauteur du foyer et la première direction de la flamme.

V indique la disposition des tuyaux de chaleur. Les lignes ponctuées donnent le profil des cloisons qui forment les quatre grands canaux de circulation.

Le tuyau R, qui porte la fumée des canaux de circulation dans la cheminée, et dans lequel se trouve la clef qui sert à intercepter la communication, est un tuyau de poêle ordinaire en tôle; mais il y aurait de l'avantage à n'employer, pour la partie dans laquelle joue la coulisse ou le disque obturateur, une matière moins conductrice de la chaleur, par exemple un tuyau fait exprès, en terre cuite.

Le coude que forme ce tuyau, pour aller gagner celui de la cheminée, indique que la première condition est que le corps du poêle soit entièrement isolé du mur, et à 0,25 (10 pouces) du point le plus rapproché de la niche.

S est un prolongement du tuyau vertical qui entre dans la cheminée; il est destiné à recevoir l'eau qui pourrait se condenser dans la partie supérieure, afin qu'elle ne pénètre point dans l'intérieur du poêle. Le couvercle qui termine ce prolongement donne la facilité de nettoyer le tuyau sans le démonter.

Les lignes ponctuées formant l'espace carré Q, indiquent la place où l'on peut pratiquer une niche ou une espèce de petite étuve qui remplace avantageusement le massif qui occuperait sans cela le même espace. Toutes ces figures étant tracées sur une même échelle, on n'aura pas de peine à conserver les proportions dans toutes les parties.

La construction de ce poêle n'est au surplus ni difficile ni dispendieuse; pour les parois extérieures on n'a besoin que de carreaux de faïence tels qu'on les emploie pour les poêles ordinaires, c'est-à-dire, minces dans leur milieu, et portant un rebord tout autour, qui sert à leur donner plus d'assise. On les fixe également par une lame de métal en forme de ceinture. Le derrière peut être élevé tout simplement avec des briques; le vase placé sur la table de marbre ou de pierre qui le termine n'est qu'un ornement.

Dans le cas où l'on ne voudrait pas de bouches de chaleur, toute la construction de l'intérieur pourrait se faire avec des briques d'un échantillon convenable, assemblées avec de la terre à four délayée, et posées de champ pour les canaux de circulation, sans autres fers qu'une plaque de fonte au-dessus du foyer; la porte et son châssis à la manière ordinaire.

La dépense qu'occasione de plus l'établis-

sement des bouches de chaleur, se réduit
aux quatre plaques de fonte portant languettes et rainures pour former les compartimens représentés *fig.* 7; tout le reste se
fait avec de la tôle roulée et clouée, qui,
une fois noyée dans la maçonnerie, ne peut
laisser de fausses issues à l'air.

Les plaques de fonte, coulées à rainures,
sont bien connues depuis que l'on a adopté
les poêles à la Franklin. Si l'on était embar-
rassé de s'en procurer, il y a deux manières
d'y suppléer.

La première, par des bouts de tuyaux de
fonte que l'on place verticalement à côté
l'un de l'autre, qui servent ainsi de parois
intérieures au foyer, et communiquent de
l'un à l'autre par de petits canaux inférieurs
et supérieurs pratiqués en maçonnerie.

La seconde manière n'exige que des plaques ordinaires, c'est-à-dire unies, dont la
fonte soit seulement assez douce pour souf-
frir le foret; on y perce des trous pour fixer,
par des clous rivés, des lames de fer battu,
pliées en équerre sur leur longueur, et
qui remplacent parfaitement les rainures et
languettes en fer coulé. Comme elles ne sont

jamais exposées à l'action de la flamme, il n'y a pas à craindre qu'elles se déjettent.

On jugera aisément que cette dernière méthode est la plus avantageuse, en ce qu'elle prend moins d'espace, et cependant présente plus de surface pour recevoir l'impression de la chaleur et la communiquer à l'air circulant.

En terminant la description de ce poêle, l'auteur ajoute, que près de deux années d'expérience lui ont fait connaître les bons effets de ses proportions.

Il est placé dans une pièce qui tire ses jours du côté du nord; qui a 47 mètres carrés de superficie (environ 12 toises un tiers), et dont le plafond est élevé de 4^m,25 (13 pieds.)

On y brûle chaque jour, en une seule fois, une bûche de 28 à 30 centimètres de tour (10 à 11 pouces), sciée en trois, ou l'équivalent en bois de moindre grosseur. On ferme la coulisse de la porte du foyer, et on tourne la clef R, *fig*. 6, aussitôt que le bois est réduit en charbon. Dix heures après, on jouit encore, dans toute la pièce, d'une température au-dessus de la moyenne; et le thermomètre centigrade placé à 36 centimètres (plus de 13 pouces) de distance des côtés du poêle , s'élève rapidement à 16 ou 17 degrés.

Pour faire mieux connaître à quel point on peut porter, pour cette construction, l'économie du combustible et la conservation de la chaleur, l'auteur rapporte encore une expérience qu'il a répétée en plusieurs circonstances et qui lui a toujours donné, à très peu près, les mêmes résultats.

Le thermomètre étant dans la pièce entre 9 et 10 degrés (il n'y avait pas eu de feu la veille), on mit dans le foyer, à l'ordinaire, la bûche sciée en trois, vers les 11 heures du matin ; et à 3 heures de l'après-midi, on y remit la même quantité de combustible.

Le thermomètre, placé à la distance ci-dessus indiquée, marquait :

à 4 heures.	42 degrés.
à 5.	37
à 7.	34
à 9.	31
à minuit.	26

On ne pouvait encore poser la main sur le

métal qui fait la bordure des bouches de chaleur. La boule du thermomètre ayant été
placée vis-à-vis l'une de ces bouches, à 8 centimètres de distance (3 pouces environ), il
s'éleva, en quatre minutes, à 35 degrés.

Le lendemain, à 9 heures du matin, le
thermomètre, qui avait été replacé à la
même distance de 35 centimètres, était à
22 degrés.

Enfin, à midi, c'est-à-dire vingt et une
heures après qu'on eut cessé d'y remettre
du bois, dix-huit heures après que l'on eut
tourné la clef, tout étant réduit en charbon, le thermomètre se tenait entre 18 et
19 degrés. On le présenta alors à 2 centim.
seulement de distance de l'une des bouches
de chaleur, en moins de six minutes il
s'éleva à 26 degrés.

ARTICLE VII.

Poéles de Désarnod.

Les poêles en fonte de Désarnod sont établis sur les mêmes principes que ses cheminées ; comme elles ils reçoivent l'air extérieur
et le transmettent chaud dans les appartemens. Les essais comparatifs qu'on en a faits

ont démontré qu'au lieu de 100 kilog. de combustible brûlés à une cheminée ordinaire, il n'en faut que 15 ¾ pour obtenir la même température.

Poêles de Curaudau.

Les poêles de Curaudau sont construits d'après les mêmes procédés que ses cheminées ; la *fig.* 6, *Pl. III*, représente la coupe d'un de ces poêles ; A est la porte du foyer. Les gaz résultant de la combustion s'élèvent, descendent et remontent en circulant autour des chicanes qu'ils rencontrent, ainsi que l'indiquent les flèches tracées sur le dessin, et se réunissent ensuite dans le tuyau M, tandis que l'air chaud est répandu dans l'appartement par les bouches de chaleur B B C C.

D'après les expériences comparatives faites par le Bureau consultatif des arts (*voyez* chap. XI), il résulte que 100 kilog. de combustible brûlés dans une cheminée ordinaire peuvent être remplacés par 20 kilog. ¾ avec le poêle ci-dessus.

L'auteur de ces poêles en a construit d'au-

tres qui échauffent et opèrent la cuisson des
alimens ; ainsi que des fourneaux-poêles avec
des chaudières, dont le but est d'échauffer à
la fois l'endroit où ils sont placés, de procurer
de l'eau chaude et de faire cuire des légumes.

ARTICLE IX.

Poêle économique de M. J. B. Bérard. (1)

Le poêle, proprement dit, est un parallélipipède porté par quatre pieds. La capacité
est divisée en deux étages d'inégale hauteur,
par une cloison horizontale : l'étage inférieur
est destiné à faire un four, le supérieur est
occupé en partie par le foyer, et en partie
par deux caisses moins hautes que cet étage :
les faces latérales du poêle sont fermées par
deux portes qui bouchent les entrées du four
inférieur, et des deux caisses qui servent
aussi de four. La façade du poêle reçoit, dans
son milieu, une ou deux portes, pour fermer
l'ouverture du foyer; en dessous de ces portes
est une petite tablette horizontale. La face

---

(1) Extrait d'un excellent Mémoire de M. J.-B. Bérard, sur le Chauffage, publié par ordre du ministre de
l'intérieur.

horizontale et supérieure du poêle est percée
de deux trous, destinés à recevoir des casseroles ou des marmites. La face verticale du
derrière du poêle est percée, près de ses angles supérieurs, de deux trous, où sont adap-
tés deux tuyaux de fumée qui en reçoivent
deux autres coudés, à angles droits, lesquels
sont réunis par un troisième; du milieu de
ce dernier s'élève un tuyau vertical, qui,
après avoir formé un angle droit, aboutit à
la cheminée. Reprenons séparément chacune
des parties de l'ensemble :

1°. A A B B C C D D (*fig.* 1 et 2, *Pl. IV*)
est un parallélipipède dont l'arête A A, longueur du poêle, est de 63 centimètres; l'a-
rête A B, sa hauteur, de 45 centim.; l'arête
A C, sa profondeur, de 30 centim. Les fonds
supérieurs et inférieurs ont, tout le tour, un
rebord ou une saillie qui excède le parallélipipède de 1 ½ centim. C'est sur ces rebords
des faces horizontales qu'ont été clouées les
deux faces verticales du devant et du derrière, et la partie supérieure des faces latérales, qui, à cet effet, ont été reployées à
angles droits.

2°. E E est un plan horizontal ou cloison,

qui partage le parallélipipède en deux étages, dont l'inférieur, destiné à faire un four, a une hauteur A E de 8 centim. Cette cloison a été reployée à angle droit pour être clouée sur les faces de devant et de derrière, et elle porte sur ses côtés latéraux un rebord vertical E F de 4 centimètres.

3º. Au-dessus de la cloison E E, sont deux portes M M P P et N N P P qui ferment l'entrée du foyer, dont la largeur M M ou N N est de 19 centim., et la hauteur M P ou N P de 12 ½. La façade du poêle porte intérieurement, autour de l'ouverture des deux portes, un rebord ou une battue, qui sert à la fois à la renforcer et à recevoir ces portes. Les rebords verticaux ont une largeur de 1 centim., et les deux horizontaux de 2 centim. La porte supérieure porte aussi un rebord pour recevoir l'inférieure. Celle-ci est percée en bas de deux yeux ou trous de 3 centimètres de diamètre, qui forment deux soupiraux qu'on ferme à volonté, au moyen d'une clef ou manivelle commune aisée à concevoir. Enfin, ajoutons que les deux portes sont l'une et l'autre distantes de 10 centim. des fonds supérieurs et inférieurs du poêle.

4°. Sur chacune des deux faces latérales du poêle, est une porte qui occupe toute la largeur de cette face, et dont la hauteur A I est de 36 centim.; par chacune de ces portes on a introduit dans l'intérieur du poêle une caisse prismatique F H G I, dont la profondeur F H est de 22 centim., la hauteur F I de 22, et la largeur de 28 : ces caisses ont, tout autour, un rebord de 1 centim. de large pour s'appliquer, d'une part contre deux règles verticales qui renforcent les arêtes A I, et, d'autre part, contre le rebord E F de la cloison, ainsi que contre un autre petit rebord que portent les faces latérales I B D I, qui, à cet effet, ont été reployées deux fois à angles droits. Dans cette disposition, les caisses sont comme suspendues et isolées dans la capacité du poêle, en sorte qu'il y a en dessous un vide de 4 centim., dans lequel s'introduisent des charbons et des cendres; en dessus un vide de 10 $\frac{1}{2}$ centim. destiné aux casseroles; et latéralement entre les caisses et le devant ou le derrière du poêle, un autre vide de $\frac{2}{3}$ centim., où peut circuler la flamme. Enfin, l'intervalle des deux caisses, qui forme proprement le foyer, est de 18 cent.;

ajoutons encore que pour faciliter l'entrée du bois par les trous à casseroles, l'arête supérieure G a été retranchée par un plan incliné de 45 degrés, qui ajoute à la caisse une nouvelle face de 4 centim. de largeur.

Z est la tête d'une petite barre qui traverse les grandes faces verticales du poêle et les faces parallèles des caisses afin de les assujettir fixement. Cette barre, qui reçoit à son autre extrémité un écrou, se retire à volonté, quand on veut enlever les caisses pour les réparer.

S est un trou de 3 centim. de diamètre, percé dans la face de la caisse la plus voisine de la façade du poêle. Ce trou, qui se ferme à volonté par une petite plaque qui tourne sur un pivot, sert à évacuer dans le foyer les vapeurs des alimens qui cuisent dans la caisse, et peut être appelé *trou aspirateur*, parce qu'en effet le foyer aspire fortement par ce trou l'air de la caisse lorsque sa porte est fermée.

5o. Le fond supérieur B B D D du poêle est percé de deux trous de 24 centim. de diamètre, et séparé par un intervalle de 4 cent. Ces deux trous, qui reçoivent les casseroles,

sont doublés en dessous par un anneau plan
ou couronne circulaire qui forme, pour l'un
des deux trous, un rebord de $\frac{1}{2}$ centim., et
pour l'autre, un rebord de 1 centim. Ces rebords ou retraites servent à recevoir des couvercles circulaires et plans, qui sont formés
de deux cercles découpés pour faire les trous.
Ces deux couvercles portent une anse ou
poignée.

6°. T T sont les ouvertures des tuyaux de
la fumée. Ces trous, dont le diamètre, ainsi
que celui des tuyaux, est de 11 centim.,
sont éloignés de 3 centim. des faces latérales
du poêle. De ces trous partent deux tuyaux
horizontaux de 12 centim. de long, qui se
rejoignent par un troisième, du milieu duquel
s'élève la branche verticale.

Enfin, les tuyaux de la fumée sont pro-
longés dans l'intérieur du poêle de 8 à 10
centim., pour obliger la flamme et la fumée
de passer près du centre des trous à casseroles avant de gagner l'entrée de ces mêmes
tuyaux.

K est un axe vertical passant à travers
le tuyau horizontal, recevant un écrou
par un bout, ayant la forme d'une clef par

l'autre bout K , et portant un cercle ou disque qui, suivant sa position , ferme à volonté l'ouverture du tuyau et le passage au courant d'air.

7°. En dessous de la porte M M de la façade du poêle, est une tablette horizontale de 33 centim. de long sur 20 centim. de large ; elle est portée par deux crochets.qui entrent dans deux pitons fixés au poêle. Deux ailes latérales et verticales, en forme d'arcs-boutans, servent à la rendre plus solide. Il règne dans son pourtour un rebord ou couronnement de 3 centim. de hauteur, lequel n'empêche pas la porte de s'ouvrir entièrement.

8°. Le poêle est porté par quatre pieds Y Y de 22 centim. de hauteur : l'un de ces pieds est plus court de 2 centim., et reçoit une vis, qui, en s'allongeant, va atteindre le plancher, quelque inégal qu'il soit. Par ce petit mécanisme, très simple, on procure au poêle la stabilité qui manque d'ordinaire à tous les meubles portés par quatre pieds.

9°. Le poêle est fait avec de la tôle de trois espèces : la première, de 1 millim. environ d'épaisseur , pour les parties de la carcasse qui doivent avoir de la solidité et suffisamment de durée ; savoir : le dessus, le devant, le derrière, et la cloison qui reçoit les cendres ; la seconde, de $\frac{1}{2}$ millim. pour les parties qui souffrent moins, comme le fond inférieur, les portes latérales et la tablette; la troisième, de $\frac{1}{3}$ millim. d'épaisseur, pour les parois des caisses, qui peuvent se réparer aisément, et qui ont besoin de transmettre facilement le calorique dans leur capacité.

Des usages et des effets du Poêle économique.

10. Lorsqu'on a introduit deux ou trois morceaux de bois dans le foyer par l'une ou l'autre des deux ouvertures du fond supérieur du poêle, et qu'on y a mis le feu, on voit bientôt la combustion s'accélérer par l'effet du courant rapide qui s'établit au soupirail ; la flamme et la fumée se séparent en deux, enveloppent les caisses, et gagnent les tuyaux de la fumée ; les caisses sont alors plongées dans une atmosphère embrasée qui lance le calorique par leurs cinq faces dans leur capacité. Si alors les deux trous supérieurs sont fermés par deux casseroles, si l'on a placé dans les caisses deux plats rectangulaires pleins d'alimens quelconques, et

sur la tablette de devant un pot, on a la sa-
tisfaction de voir cuire à la fois tous ces cinq
mets. Lorsque deux seront arrivés à une parfaite cuisson, on pourra les insinuer dans le
four inférieur et les remplacer par de nouveaux ; on aura alors sept plats cuisant à la
fois, et par un feu modéré.

2°. La chaleur est si forte dans les caisses,
que pour empêcher que la partie la plus voisine du foyer ne brûle, il faut appliquer en
cet endroit un rectangle incliné de tôle, qui
serve d'écran à cette face dans la moitié de
sa hauteur.

Avec cette précaution, la pâtisserie, la
viande, etc., etc., y cuisent également et
plus promptement que dans les fours ordinaires.

3°. Le four inférieur sert très bien, non
seulement pour y entretenir chaud, mais en
core pour faire prendre croûte en dessus aux
mets qu'on y place dans ce dessein sous le
foyer.

4°. La tablette sert très bien aussi à faire
cuire un rôti, lorsqu'on ouvre la porte inférieure du foyer, à faire du café, etc., etc.

5°. Les caisses, tant que les portes en sont

fermées, ne laissent échapper aucune odeur, surtout si l'on a eu l'attention d'ouvrir les trous aspirateurs par lesquels les vapeurs sont aspirées dans le foyer aussitôt que formées.

6°. Lorsqu'on veut ajouter du bois par l'un ou l'autre des deux trous à casseroles, la flamme et la fumée se dirigent du côté qui n'est pas ouvert, et il n'entre aucune fumée dans l'appartement, avantage qui n'a lieu dans aucun des poêles percés d'une seule ouverture par-dessus.

7°. Veut-on transformer le poêle en une cheminée, on n'a qu'à ouvrir la porte inférieure du foyer, et même toutes deux ; on a alors le plus possible de chaleur dans l'appartement, mais moins dans les caisses. Ce qu'il y a de remarquable dans ce cas c'est qu'il ne sort aucune fumée par les portes ; cela vient de ce que les contre-courans qui produisent les tourbillons de fumée à l'ouverture des tuyaux, sont empêchés par les caisses de ramener la fumée jusqu'aux portes. Si, au lieu de deux tuyaux, on n'en avait qu'un placé au milieu et vis-à-vis le foyer, on perdrait cet avantage, sans compter que les casseroles seraient bien moins chauffées.

8°. Veut-on concentrer la chaleur dans un des côtés du poêle pour y accélérer la cuisson, on n'a qu'à tourner la clef du tuyau opposé.

9°. Lorsque le poêle n'est pas occupé à cuire dans les caisses, il faut avoir soin d'ouvrir et de renverser sur le derrière les portes latérales : la chaleur se répandra sans obstacle dans l'appartement, et il y aura moins de perte de calorique.

10°. Au moyen d'une cloison de tôle que l'on place au milieu de la hauteur des caisses, on se procure à volonté un étage de plus, qui sert à placer d'autres alimens.

11°. Si on trouvait les tuyaux à fumée embarrassans, soit pour le coup d'œil, soit pour tout autre motif, on pourrait les diriger sous le plancher pour les ramener ensuite dans le tuyau de la cheminée. Le poêle ressemblerait alors sous ce rapport à la cheminée de Franklin, et conserverait néanmoins tous les avantages qu'il a sur elle.

On pourrait, au lieu de réunir les deux tuyaux en un seul, les diriger séparément chacun au tuyau de la cheminée.

Si au lieu de bois on veut brûler de la

houille, il n'y a qu'à placer une grille au fond du foyer.

ARTICLE X.

Poéles fumivores de M. Thilorier. (1)

L'auteur a eu pour objet de détruire la fumée et mettre à profit les élémens qui la constituent ; son procédé consiste à soustraire le combustible du contact de la flamme et à l'échauffer néanmoins à un degré suffisant pour qu'il donne, par distillation, l'hydrogène et les autres matières volatilisables qu'il peut contenir. Ces matières inflammables, qu'il désigne sous le nom de fumée, sont aspirées par un fourneau qui contient un combustible en ignition, ou qui est suffisamment échauffé par une combustion précédente pour que la fumée, en le traversant, puisse s'y enflammer.

C'est dans ce fourneau que la fumée combinée avec l'air, et élevée à un degré de température suffisant, se consume en totalité,

(1) Description des machines et procédés spécifiés dans les brevets d'invention, de perfectionnement, etc., tome III.

et ne produit pour tout résidu qu'une vapeur sans odeur, sans couleur, composée d'eau, d'azote et d'une très petite portion d'acide carbonique.

La flamme, produite par la combustion de la fumée élève la température du fourneau ; la distillation s'accélère et se continue sans interruption jusqu'à ce que le combustible, si c'est du bois, soit réduit à l'état de charbon parfait, ou à un état voisin de la carbonisation, si c'est de la houille ou de la tourbe.

ARTICLE XI.

Premier Poêle fumivore de M. Thilorier. (1)

La *fig.* 7, *Pl. III*, est la coupe d'un poêle fumivore, sur lequel on brûle du bois, de la houille ou de la tourbe, sans qu'il en résulte ni odeur, ni fumée visible.

a, corps du poêle en faïence ou en terre cuite, de forme cylindrique ; il est ouvert par le haut, et terminé à sa partie inférieure

---

(1) Description des machines et procédés spécifiés dans les brevets d'invention, de perfectionnement, etc., tome III.

par un tronc de cône creux *b*, en forme d'entonnoir.

c, grille à larges barreaux posée sur la
base supérieure du tronc de cône.

d, autre grille à barreaux serrés, placée à
la base inférieure du tronc de cône.

e, petite ouverture par où l'on fourgonne;
on la bouche, soit avec de la terre, soit avec
une porte de tôle.

f, tuyau ajusté à la base inférieure du
tronc de cône; sa partie inférieure est fermée par un bouchon *g*, à recouvrement, pareil au couvercle d'une tabatière, qui sert
en même temps de cendrier.

h, tuyau horizontal fixé à celui *f*, et portant
à son extrémité un tuyau vertical *i*, qui peut
être considéré comme le tuyau du poêle; il
est fermé par le bas avec un bouchon *k*, pareil à celui *g* du tuyau *f*.

Pour allumer le poêle, on met de la braise
sur la grille inférieure *d*, qu'on recouvre
ensuite avec du charbon froid; on met en
même temps dans le bouchon *k* une feuille
de papier légèrement chiffonnée, que l'on
allume à l'instant qu'on met le bouchon;
quelques charbons allumés au lieu de papier

produiraient le même effet, qui est de raréfier l'air qui est dans le tuyau de la cheminée, afin d'établir le courant nécessaire à la combustion. Ces dispositions faites, on entend presque aussitôt le charbon pétiller, et comme il brûle à flamme renversée, il n'en résulte aucune odeur désagréable dans l'appartement.

A mesure que le feu gagne le charbon de la partie supérieure, on en remet de nouveau jusqu'à ce que l'entonnoir *b* soit plein ; alors on place la grille supérieure *c*, on met par-dessus une boîte de tôle *l*, ouverte par le haut, qui laisse quelques centimètres de distance entre elle et les parois intérieures du corps du poêle, et qu'on remplit de morceaux de bois sec coupés à la hauteur du poêle. Aussitôt que ce bois commence à répandre des vapeurs, on ferme le haut du poêle avec un couvercle en tôle *m*, dont le rebord entre dans une gorge remplie de sablon, pratiquée sur le pourtour supérieur du corps du poêle.

Le couvercle *m* étant en place, on ouvre une porte latérale *n*, qui sert à alimenter la combustion et à renouveler le combustible au besoin.

Le bois renfermé dans la boîte *l* se carbonise parfaitement, et fournit plus de charbon qu'il n'en faut pour recommencer une nouvelle carbonisation ; d'où il résulte qu'indépendamment de la chaleur nécessaire pour chauffer un appartement, on retire encore, du bois employé à cet effet, une quantité de charbon qu'on peut regarder comme bénéfice.

Si l'on n'a besoin que d'une chaleur modérée, on ne met dans l'entonnoir du poêle que quelques pelletées de braise ; alors on ne fait point usage de la boîte *l*, mais on range deux ou trois petites bûches sur la grille. Ces bûches étant charbonnées, on fait tomber le charbon dans l'entonnoir, et on le remplace par d'autres bûches.

Si, au lieu de bois, on n'avait que de la houille ou de la tourbe, même sous forme de poussière, on mettrait ce combustible dans la boîte *l*, qui, en se carbonisant comme le bois, donne une espèce de gâteau d'une substance charbonneuse qu'on retire, qu'on brise, et dont on pose les morceaux sur la grille supérieure où la combustion s'achève sans donner la moindre odeur.

La porte latérale *n* sert de modérateur à la combustion ; par son moyen on règle à volonté la combustion, qu'on amène graduellement jusqu'à extinction totale du feu sans inconvénient, en tenant cette porte tout-à-fait fermée. Alors, la chaleur concentrée dans le poêle est telle, que deux heures après l'étouffement, le poêle, fût-il même en tôle, peut être rallumé en ouvrant simplement la porte.

L'auteur de cet appareil s'est attaché particulièrement, dans cette description, à faire sentir les dispositions intérieures des poêles fumivores, sans s'occuper pour le moment de leur extérieur, qui est susceptible de prendre toutes les formes agréables qu'on voudra.

ARTICLE XII.

Deuxième Poêle fumivore de M. Thilorier.

Ce poêle fumivore (*fig. 5, Pl. III*) a la forme d'un autel antique, supporté par un trépied, dont la partie inférieure soutient un candélabre tronqué. Il se compose, 1°. d'une calotte *a*, en métal, dans laquelle on met la braise ; la partie supérieure est garnie d'une grille à larges barreaux, et le fond d'une grille serrée ; 2°. d'un four *b*, dans lequel circule la chaleur ; 3°. d'un tube de verre *c*, ou de métal, établissant communication de la calotte au four ; 4°. d'une cloison *d*, inclinée pour amener les cendres vers l'issue *e* ; 5°. d'un trou *f*, pratiqué dans la cloison pour le passage du courant d'air ; 6°. d'un tuyau *g* de conduite pour le courant d'air établi sous le parquet et communiquant à la cheminée ; 7°. d'un trépied *h*, servant de support au poêle ; 8°. d'une porte *i*, ménagée dans le bas de la cheminée, et au moyen de laquelle on établit le courant en raréfiant l'air avec un peu de charbon allumé ; 9°. du couvercle du poêle *k*, en forme de calotte, ayant une porte au moyen de laquelle on règle le tirage ou l'activité du feu. Le tube *c*, qui établit la communication entre le foyer *a* et le four *b*, étant en verre, on voit circuler la flamme renversée, dont on peut d'ailleurs varier la couleur à l'aide de divers combustibles. Le candélabre du four *b* sert à la fois de cendrier et de magasin à la chaleur, qui se répand dans la pièce. Le tuyau d'aspiration pratiqué sous le parquet et dans l'épaisseur des murs est ordinairement construit en briques. M. Thilorier a apporté à ce poêle des améliorations qui consistent, 1°. à supprimer la calotte ou couvercle *l*, ainsi que la grille à larges barreaux ; 2°. à les remplacer par un couvert plat, criblé et garni dans son milieu d'un tuyau métallique de 7 à 8 centimètres de diamètre, sur un ou deux mètres de hauteur, dont la partie inférieure, traversant le foyer et la grille, vient s'ajuster avec un tube de verre de même diamètre, qui se prolonge jusqu'à un décimètre de l'entrée du four *b*. De cette manière, il se trouve placé dans le centre du grand tuyau de verre *e*, dont le diamètre est triple, et la flamme, forcée de passer dans l'intervalle ménagé entre ces deux tuyaux, y prend diverses nuances bleuâtres, très agréables à la vue, et le courant d'air apporté par le tube du milieu contribue à compléter la combustion de la fumée.

Si l'on voulait donner à ces poêles plus de hauteur et la forme d'une colonne d'un ordre quelconque dont le fût serait en verre, et le chapiteau et le foyer alimentés par de l'air pris dans la pièce supérieure, on pourrait varier à l'infini la décoration d'un apparte- ment, et le faire paraître environné d'une colonnade flamboyante, dont les colonnes seraient autant de poêles communiquant tous au tuyau aspirateur commun *g*.

Un perfectionnement a été apporté à ce se- cond poêle de M. Thilorier : il ne laisse subsis- ter que le plancher du foyer *b*, qui sert de sup- port au cylindre de verre, que l'on prolonge à cet effet ; il supprime la calotte *k*, ainsi que la grille à larges barreaux, ou il couvre au besoin cette dernière calotte d'un cou- vercle criblé et percé en son milieu pour re- cevoir un bout de tuyau de 7 à 8 centimètres de diamètre ; ce tuyau est de métal, il s'a- juste dans la partie supérieure avec un tube de même diamètre, et d'un mètre ou deux de hauteur ; sa partie inférieure traverse la grille, disposée dans son milieu en forme d'an- neau, et adaptée à un tube de verre de même diamètre placé au centre du grand cylindre, dont le diamètre est environ triple de celui du tube. L'extrémité inférieure du petit tube de verre repose sur un cercle de métal suspendu à un décimètre du plancher. Si l'on met dans la calotte du charbon de bois, on obtiendra une flamme bleuâtre, visible, en forme de nuages, dans l'espace contenu entre le grand et le petit cylindre.

ARTICLE XIII.

Moyen d'améliorer les Poêles ordinaires de faïence, proposé par M. Thilorier.

Pour éviter aux personnes qui ont des poêles en faïence de faire la dépense d'un appareil complet, M. Thilorier propose de placer dans l'intérieur d'un poêle ordinaire, l'appareil indiqué par la *fig.* 9 , *Pl. III*, dont voici l'explication.

a, boîte en tôle où l'on met le bois qu'on veut carboniser.

b, boîte au charbon ou trémie.

c, grille sur laquelle tombe le charbon à mesure qu'il se consume.

d, porte du poêle.

e, fourneau dans lequel on met le bois ou la braise pour allumer le poêle.

f, passage par où circule la flamme autour de la boîte *a*.

g, tuyau d'aspiration.

hh, gouttières remplies de sablon, pratiquées tout autour du poêle pour recevoir les bords du couvercle *i*.

Le dessus *k* d'un poêle étant enlevé, on ajuste dans l'intérieur, et à demeure, la boîte de tôle ou de fonte décrite ci-dessus, laquelle a la même forme que le poêle, et descend jusqu'à la porte du fourneau.

Cette boîte est divisée en deux parties *a* et *b*, formées par une cloison parallèle à la porte du fourneau.

La partie *b*, placée du côté de la porte, est à jour par le bas, et terminée par une grille suspendue, qui se prolonge à un décimètre de distance environ sous la partie *a*. Cette portion de la boîte est une trémie qui fournit sans cesse un nouveau charbon, à mesure que celui qui est tombé sur ce gril se consume.

La seconde partie *a* de la boîte est pour recevoir le bois que l'on veut carboniser.

Le fourneau est construit de manière à ce que la flamme puisse circuler autour de la boîte avant qu'elle s'échappe par le tuyau d'aspiration *g*, qui est disposé comme celui du poêle précédent.

Il en est de même du couvercle de tôle *i*, que l'on recouvre, si l'on veut, avec la table de marbre ou de faïence *k*, qui recouvrait précédemment le poêle.

Dans un poêle de ce genre, la fumée se tamise à travers le charbon froid qui remplit la trémie, et elle ne prend feu que lorsqu'elle est descendue au niveau de la porte.

Pour diminuer et éteindre le feu à volonté, on se sert d'une clef ordinaire placée dans le tuyau, et si l'extinction n'est pas brusque, aucune fumée ne se répand dans l'appartement.

Ce sont les poêles de M. Thilorier qui ont élevé la température à un plus haut degré, dans les expériences faites par ordre du ministre de l'intérieur. (*Voyez* Chap. XI.)

ARTICLE XIV.

Poêle de M. Debret, à Troyes. (1)

a, grille du foyer.

b, cendrier de 6 pouces de large, et 9 de profondeur; il se forme au moyen d'une porte que l'on ouvre plus ou moins, à vo-

---

(1) Description des machines, procédés, etc., dans les brevets d'invention, tome IV.

lonté, suivant la quantité d'air que l'on veut
introduire sous la grille pour allumer et donner de l'activité au feu.

c, espèce d'entonnoir renversé, placé au-
dessus du foyer et recevant directement la
chaleur pour l'introduire dans le tuyau rond
ou carré *d*, ajusté à sa partie supérieure, et
s'élevant à 3 ou 4 pieds, et même plus, au-
dessus du poêle.

Le tuyau *d*, servant de cheminée, conduit
la fumée dans la boule ou sphère creuse *e*,
d'où elle descend dans un cylindre creux *f*, de
9 pouces de diamètre, et dans le réservoir *g* ;
de là, elle est introduite dans le réservoir
inférieur *h*, par les quatre ouvertures rectangulaires *i*, où elle trouve enfin son issue
au dehors par le tuyau *j k*, plancher du cendrier, servant en même temps de fond au
réservoir *h*.

l, second plancher, au niveau de la grille
a, qu'il supporte, en même temps qu'il sert
de fond au réservoir *g* ; c'est sur ce plancher que sont pratiquées les quatre ouvertures *i*, par où la chaleur est introduite
dans le réservoir *h*.

m, tablette ou dessus de poêle, percée

dans son milieu d'un trou de 9 pouces de diamètre, pour recevoir la partie inférieure du tuyau *f.*

Lorsque l'on a placé le bois sur les charbons allumés, disposés sur la grille, on ferme le foyer hermétiquement, au moyen d'une porte, et l'air nécessaire pour alimenter le feu n'est introduit sur la grille que par l'ouverture du cendrier.

Cet appareil, dont le principe repose sur la circulation de la fumée, comme dans les poêles suédois, est formé d'une boîte en tôle et peut être rond ou carré, à volonté.

ARTICLE XV.

Poêle Voyenne.

Le poêle que M. Voyenne a construit dans la salle du conseil de la Société d'Encouragement, ressemble, pour la forme, au poêle suédois ; il lui ressemble surtout par les circuits que la fumée est obligée de parcourir dans cet appareil, mais il est moins massif, plus portatif, et revient à meilleur marché. Le foyer est entouré d'une double enveloppe dans laquelle il arrive de l'air, tiré soit de l'appartement, soit du dehors ;

lequel air, réchauffé en passant sur le coffre renfermant le foyer, va sortir dans la chambre par une bouche de chaleur.

M. Voyenne a senti que, pour naturaliser en France le poêle suédois, il fallait diminuer la lenteur avec laquelle ses parois massives se pénètrent du calorique, et son poêle procure une chaleur rapide, mais de peu de durée, parce que le climat de la France ne nécessite pas ordinairement la continuité de cette chaleur. En effet, son appareil s'échauffe assez rapidement, pour qu'au moyen de 4 kilogrammes 1 quart de bois, il soit chaud à n'y pas tenir la main au bout d'un quart d'heure; il conserve néanmoins sa chaleur environ quatre heures. La promptitude de l'échauffement tient, 1°. au peu d'épaisseur des parois; 2°. à l'addition de la bouche de chaleur; 3°. à la présence d'une caisse en fonté, qui renferme le foyer. Il est clair encore que le courant d'air dont nous avons parlé, et qui, après avoir passé sur le foyer, s'échappe par un orifice supérieur, enlève une certaine quantité de calorique et hâte par conséquent le réchauffement de la chambre, ou le refroidissement du poêle.

Ce refroidissement, qui pourrait être un inconvénient dans les poêles où l'on recherche la lenteur, est, dans l'appareil nouveau, un avantage approprié au pays que nous habitons. A l'extrémité du conduit d'air, M. Voyenne place un vase rempli d'eau, pour absorber ce que la chaleur pourrait avoir d'âcre et de nuisible. La bouche de chaleur peut être placée à volonté, soit à la partie la plus élevée du poêle, soit à sa partie moyenne, soit tout-à-fait en bas. Dans cette dernière position, on perd un peu de la promptitude du courant d'air; mais la chaleur, en circulant dans la partie basse de l'appartement, s'y distribue avec plus d'égalité, ce qui d'ailleurs est commode pour se chauffer les pieds. Le courant d'air établi au travers du poêle contribue à mettre en mouvement l'air de la chambre; et, lorsque ce courant est formé par l'activité du dehors, l'air atmosphérique de l'appartement se trouve renouvelé par le concours de celui venant de l'extérieur. Les commissaires nommés par la Société d'Encouragement ont été d'avis que le poêle de M. Voyenne est bien combiné avec les besoins du public, que sa construction est calculée d'après les principes de la saine physique et confectionnée avec soin.

D'après des expériences comparatives, faites au Conservatoire des Arts et Métiers, en 1808, le poêle de M. Voyenne a réalisé autant de chaleur qu'un appareil de Curaudau mis aussi en expérience. (*Voyez* Chap. XI.)

ARTICLE XVI.

Poêle en fonte de fer, à circulation d'air chaud, par M. Fortier. (1)

Le poêle de M. Fortier est d'une forme ronde; il est formé, à l'extérieur, de deux corps superposés, d'un socle, d'un laboratoire en trois pièces, d'un couvercle, et d'une porte de foyer avec un registre demi-circulaire pour régler l'entrée de l'air. L'intérieur se compose de deux plaques de fonte du diamètre du poêle, munies chacune d'une double gorge au pourtour, dans laquelle s'enchâssent les pièces du laboratoire et du socle.

---

(1) Extrait du Rapport fait à la Société d'Encour.; année 1826.

L'une de ces plaques forme la base du foyer ; l'autre, la partie supérieure. Deux contre-plaques posées verticalement, et distantes entre elles de 6 pouces (16 centimètres), complettent le foyer, qui a 7 pouces (19 centimètres) de hauteur, 6 pouces (16 centimètres) de largeur, et 15 pouces (41 centimètres) de profondeur. Aux deux principales plaques horizontales, sont pratiquées des ouvertures par lesquelles passe l'air pris sous le poêle, et qui s'échauffe le long des parois du foyer, sans communiquer avec l'intérieur de celui-ci. Une espèce de coffre sans fond, ou cylindre creux, plus étroit de 3 pouces (8 centimètres) que le diamètre du poêle, pose dans des rainures, sur la plaque supérieure du foyer. Ce coffre laisse, entre lui et le corps du poêle, un espace vide de près de 2 pouces (5 centim.) ; c'est cet espace que parcourt en totalité la fumée, à l'aide de petites cloisons enchâssées dans des rainures qui la forcent à suivre la route qui lui est tracée, pour sortir ensuite près de l'extrémité supérieure, où se trouve un tuyau de tôle qui lui donne issue. Ce poêle, comme on voit, n'a pas besoin de cercle pour maintenir les pièces qui le composent. Chacune d'elles entre dans des rainures qui la fixent solidement; à peine a-t-on besoin de terre argileuse pour remplir les interstices : aussi on peut le monter et démonter facilement, ce qui convient aux ménages sujets à changer souvent de logement.

Le rapporteur dit que le poêle a été mis en activité avec du bois fendu en petits morceaux d'environ 7 pouces de long (20 centimètres); on a placé dans l'intérieur une marmite contenant 2 livres et demie de viande et environ 3 pintes d'eau, et au-dessus, dans une casserole de fer étamé, du veau et des légumes; ce dernier vase, porté sur une espèce de trapèze en fonte, posé sur trois saillies adhérentes au coffre ; le tout a été recouvert du chapiteau du poêle, et le feu allumé n'a pas tardé à échauffer les parois de tout l'appareil. Un thermomètre de Réaumur, placé dans l'intérieur par une des bouches de chaleur pratiquées sous le couvercle, a marqué, au bout de trente-cinq minutes, 75 degrés, et a monté jusqu'à 85 degrés en une heure;

enfin, au bout d'une heure et demie, la viande était presque cuite. L'air de l'appartement a monté à 17 degrés, celui de l'atmosphère étant à 8; 3 kilogrammes un quart de bois ont été brûlés pendant ce temps; mais on a diminué alors l'activité du feu, et les viandes ont achevé leur cuisson à une chaleur moins forte. L'étendue que présentent à l'air froid les surfaces de ce poêle, intérieures et extérieures, destinées à lui transmettre le calorique dont elles s'imprègnent, est environ de 4 mètres carrés.

Le rapporteur fait observer que, si l'on a employé 3 kilogrammes un quart de bois dans une heure et demie, ce qui ferait 24 kilogrammes pour douze heures, c'est que M. Fortier a voulu montrer qu'on pouvait cuire avec rapidité la viande dans son poêle, et qu'en conséquence, il l'a chargé de bois outre mesure; mais il aurait pu obtenir cette cuisson moins rapidement, et n'employer, en trois heures, que la même quantité de bois.

. D'après les remarques faites, par le rapporteur, à M. Fortier, il a fait les additions suivantes à son poêle : 1°. il a pratiqué plusieurs ouvertures à la base, au lieu de la faire porter sur des tasseaux pour donner entrée à l'air; 2°. il a formé, sous le couvercle, un conduit communiquant au tuyau de tôle, pour y laisser passer la vapeur des mets en cuisson, dont l'odeur se répandait dans l'appartement; 3°. enfin, il a pratiqué au tuyau de tôle qui conduit la fumée au-dehors, une petite porte par laquelle on peut, avec une lumière ou un morceau de papier enflammé, faire appel à l'air de l'intérieur du poêle, qui, sans cette addition, aurait pu être refoulé quelquefois dans l'appartement, lorsqu'on allume le feu.

Si l'on considère ce poêle sous le rapport de l'économie du combustible, on trouve qu'il brûle moins de bois que beaucoup d'autres, en chauffant bien et très promptement; mais, ce qu'il y a de plus avantageux pour les ménages ordinaires, qui ne craignent point d'être chauffés par l'intermédiaire de la fonte, c'est qu'ils peuvent préparer les mets nécessaires à leur nourriture sans brûler sensiblement plus de bois; ce qui présente une double économie.

ARTICLE XVII.

Poêle à tuyau renversé.

L'inclinaison des tuyaux vers le bas n'empêche point le tirage ; on peut même les renverser et donner au conduit toutes les inflexions possibles, sans que cela fasse fumer, lorsque le tirage est établi à l'aide d'un fourneau d'appel. (*Voyez* page 284.) En effet, il est facile de reconnaître que cela doit avoir lieu, si on se rappelle ce que nous avons dit article II, Chap. II, que le tirage dépend, en dernière analyse, de la différence de hauteur entre le point où l'air entre dans le foyer et celle où il sort de la cheminée, et de la différence de température.

On fait actuellement beaucoup de poêles qu'on place au milieu d'une pièce, d'un café, etc., dont le conduit pour la fumée est recourbé pour le faire passer sous le carrelage, et aller gagner le tuyau de la cheminée ; de sorte qu'il n'y a aucune apparence de tuyaux.

Ces poêles sont disposés de la manière suivante : l'intérieur est partagé en deux parties; la première, g (*fig.* 10, *Pl. I*), est le foyer; la seconde, h, est un conduit destiné au passage de la fumée. Ces deux parties sont séparées par une cloison $c\,d$, qui s'élève du fond jusqu'à 3 ou 4 pouces de la partie supérieure du poêle. Au-dessous du sol est un autre conduit horizontal f, communiquant à celui h, et qui aboutit au tuyau de la cheminée. La fumée, après avoir frappé la partie supérieure $i\,k$ du poêle, redescend dans le conduit h et se rend dans le canal f, et de là dans le tuyau de la cheminée.

$a\,b$ est la porte par laquelle est introduit le combustible, et qui a un soupirail b à sa partie inférieure, pour laisser passer l'air nécessaire à la combustion, et qui doit toujours arriver au-dessous du combustible.

Il est préférable de faire ces poêles en tôle ou en fonte; et, si on le trouve plus agréable, on pourra les revêtir de faïence. Mais il est indispensable, pour ne pas tomber dans l'inconvénient indiqué page 220, de réserver un espace entre la fonte et l'enceinte de faïence, dans lequel on amenera, au moyen d'un conduit, de l'air extérieur qui s'échauffera et se répandra dans la pièce au moyen de bouches de chaleur.

Quelquefois on prend l'air froid dans le bas de la chambre, par des ouvertures réservées dans le socle du poêle; cet air, en s'échauffant, tend à s'élever et à sortir par les bouches de chaleur placées vers le haut du poêle; il s'établit ainsi une circulation qui ajoute à la chaleur utilisée, mais l'effet obtenu par ce moyen n'est pas assez sensible; et il vaut beaucoup mieux, sous le rapport de la quantité de chaleur obtenue et de la salubrité, faire arriver de l'air du dehors.

ARTICLE XVIII.

Perfectionnement dans les Poêles.

La plupart des poêles et des cheminées de Désarnod même, dit l'auteur d'un article du *Dictionnaire Technologique*, page 370, article *Calorifère à air,* sont susceptibles de produire autant d'effet que les meilleurs calorifères, à l'aide de cette disposition fort simple dont la *fig.* 4, *Pl. III*, présente un exemple. Il suffit de prolonger le plus possible les tuyaux en tôle ou en cuivre, en les faisant passer dans

24

des conduits en briques ou dans d'autres
tuyaux dont le diamètre fût plus grand de 4
pouces, en sorte qu'il restât un intervalle libre
de 2 pouces environ. L'extrémité BA de la
seconde enveloppe se prolonge de bas en haut
près du poêle (ou relativement aux cheminées de Désarnod, passe sous le foyer
pour sortir par les bouches de chaleur),
afin que l'air dilaté en cet endroit par la
chaleur que le foyer lui communique,
s'élève en raison de la légèreté relative, et
détermine un tirage qui appelle l'air à l'autre extrémité E H du tuyau : il est utile de
recourber vers le bas la double envoloppe,
de peur que l'air chaud ne déborde par ce
bout. Les choses ainsi disposées, lorsque le
poêle et les tuyaux sont chauds, on conçoit
que l'air extérieur est constamment appelé
du dehors au dedans, et qu'il s'échauffe
par degrés, en passant d'un bout à l'autre
de la double enveloppe, en même temps
que les produits de la combustion se refroi-
dissant graduellement aussi en communiquant leur chaleur au tuyau, qui la transmet au courant d'air.

Lorsque, dans le lieu qu'on se propose

d'échauffer, il est inutile de renouveler l'air, l'embouchure de la double enveloppe, au lieu de communiquer avec l'air du dehors, est pratiquée dans l'intérieur, en *b*, par exemple. Le courant d'air chaud a lieu dans le même sens, et il s'établit dans la chambre une circulation d'air qui ramène sans cesse dans la double enveloppe l'air dont la température est plus basse, et répand, dans l'intérieur de la chambre, la chaleur enlevée à toutes les surfaces chauffées par les produits de la combustion.

Le tuyau et la double enveloppe peuvent être placés sous le carrelage dans toute leur longueur; et, en supposant même qu'ils fissent plusieurs circuits autour de la pièce que l'on veut échauffer; cette disposition est ordinairement la plus commode, puisque les conduits de chaleur ne tiennent alors aucune place. Il est bien aussi que la combustion soit alimentée par l'air extérieur, et que le foyer soit au dehors; on évite par là les pertes de chaleur qui auraient lieu si l'on était obligé d'ouvrir les portes de 'étuve pour arranger le feu.

ARTICLE XIX.

Moyen d'augmenter la chaleur des Poéles , par
M. Conté. (1)

Le perfectionnement au moyen duquel ce savant augmente la chaleur d'un poêle, est ingénieux par sa simplicité et par l'effet qu'il produit. Il consiste en un tuyau de tôle, d'un diamètre inférieur à celui par lequel s'échappe la fumée ; il est placé dans l'intérieur du grand tuyau , et parallèlement avec lui : les deux extrémités de ce petit tuyau traversent le grand , et ses bords sont soudés de manière que la fumée ne puisse pas s'échapper. Les deux bouts du petit tuyau sont entièrement ouverts, et l'air peut y circuler librement; d'après cela , il est aisé de concevoir que, les tuyaux étant dans une situation verticale , la fumée qui passe dans le grand tuyau échauffe le petit , qu'il embrasse ; l'air froid entre dans celui-ci par l'extrémité inférieure, le traverse, s'y échauffe, et, devenant plus léger , monte et en sort par le haut, de façon qu'il s'établit dans la chambre un

_____

(1) Bulletin de la Soc. d'Encour.; an XII, page 180.

courant continuel d'air chaud. Ce simple appareil peut s'appliquer aisément à tous les poêles, en y pratiquant deux coudes, soit au tuyau de fumée, soit au tuyau de chaleur; la dépense est bien peu considérable, car elle se borne à un tuyau de tôle d'un petit diamètre.

L'invention de M. Conté réunit l'avantage d'être simple, peu coûteuse, de pouvoir être exécutée par tous les ouvriers, et de remplir le but de chauffer promptement et avec économie.

ARTICLE XX.

Poêle-fourneau de M. Harel. (1)

Le poêle-fourneau de M. Harel est construit d'après celui de M. Bouriat. Comme celui de ce dernier, il est en terre cuite; sa forme est cylindrique, sa capacité arbitraire; il est cerclé d'une bande de fer placée à sa partie supérieure; il a une porte en tôle fixée comme à tous les poêles. On y substitue une fermeture en terre qu'on enlève à volonté, et qu'on enlève par la cafetière-porte, de l'invention

_____

(1) Bulletin de la Société d'Encouragement, 1806.

de M. Cadet-de-Vaux. Le tuyau s'adapte dans la partie supérieure opposée à la porte, ou sur l'un des côtés. Le haut du poêle est ouvert en entier ; on ferme cette ouverture d'un couvercle en terre, qui, étant fixé dans des rainures, prévient la sortie de la fumée. On substitue à ce couvercle une capsule en tôle, lorsqu'on veut faire chauffer des fers à repasser ou établir un bain de sable ; à la place de cette capsule, on met une marmite ayant vers le milieu de sa surface extérieure un rebord saillant qui ferme toute la circonférence de l'ouverture du poêle. On peut aussi se servir d'une marmite ordinaire, en adaptant un cercle de tôle au bord de l'ouverture du poêle ; on place sur la marmite, pour la fermer, un seau de fer-blanc qui contient une assez grande quantité d'eau bientôt échauffée par la vapeur ; et, soit qu'on se serve de ce seau, soit qu'on couvre la marmite d'une autre marmite en terre de même diamètre, mais moins profonde, on peut mettre dans l'intérieur et au-dessus du bouillon en ébullition, une boîte en fer-blanc soutenue par des pattes qui portent sur les bords de la marmite. Cette espèce

de casserole contient les viandes ou légumes
que l'on veut apprêter ; ils cuisent très bien
par l'effet de la vapeur. Ce poêle, auquel on
peut adapter les mêmes appareils qu'au fourneau Bouriat, ou à la plupart de ceux inven-
tés par de Rumford, a le même tirage
que les poêles ordinaires ; ce qui l'assimile
aux poêles suédois, c'est que, dans l'intérieur,
à peu près à moitié de sa hauteur, il existe
un support, circulaire sur lequel s'établit un
couvercle de terre, portant à son centre un
anneau de fer, pour qu'avec un crochet on
puisse l'enlever et le replacer à volonté. Le
couvercle, fait en forme d'assiette plate et
épaisse, a une échancrure dont le diamètre
est à peu près le même que celui du tuyau
du poêle. La flamme et le calorique frappent
d'abord le dessous de ce couvercle, et trouvent une issue par son échancrure ; mais à
huit ou neuf décimètres, on place un second
couvercle au-dessus du premier, et construit
de même, quoique d'un plus grand diamètre ;
la portion échancrée de celui-ci se place
à l'ouverture opposée du tuyau et à celle du
couvercle inférieur, ce qui établit la circulation du calorique dans l'intérieur du poêle.

ARTICLE XXI.

Des Fourneaux d'appel.

Lorsque la fumée doit suivre un long conduit horizontal, ou redescendre pour aller gagner un tuyau de cheminée et prendre son mouvement ascendant, on est souvent obligé d'allumer *un feu léger,* soit au pied du tuyau où doit commencer le mouvement ascensionnel, soit à quelque distance du foyer pour déterminer le commencement du tirage ; l'ouverture réservée pour cet effet est ce qu'on nomme fourneau d'appel. Comme le but est de produire le premier mouvement, quelques copeaux, une poignée de paille ou une feuille de papier, suffisent pour obtenir cet effet, sans lequel la fumée, qui est plus légère que l'air contenu dans le conduit descendant ou horizontal, ne pourrait établir un courant pour arriver à la cheminée montante, tandis que l'air de celle-ci une fois mis en mouvement par la chaleur produite par la flamme des copeaux, du papier, etc., doit être remplacé par l'air du conduit. Aussitôt que l'impulsion du mouvement est donnée, on ferme exactement l'ouverture par laquelle on a introduit les corps enflammés au moyen d'une porte en tôle placée à cet effet.

ARTICLE XXII.

Des Bouches de chaleur.

Dans toutes les constructions pyrotechniques, les passages de l'air sont trop rétrécis : on pourrait souvent décupler la quantité de chaleur, en portant à 9 pouces ($0^m,25$) de diamètre les bouches de chaleur auxquelles on donne ordinairement 2 à 3 pouces ($0^m,08$) au plus. Il est bien entendu que les conduits correspondans doivent présenter une ouverture de passage égale à celle-ci. (1)

ARTICLE XXIII.

Montage et démontage des Poêles ordinaires et de leurs tuyaux.

Les poêles, soit en fer fondu ou en tôle, soit en faïence, doivent toujours être établis sur une aire ou massif de briques ou de pierre, afin de prévenir les incendies.

Pour le montage des poêles en fonte ou

---

(1) *Nouveau Dictionnaire technologique*, t. IV, 1823.

en tôle, il n'est guère possible d'indiquer d'autre marche à suivre que celle qui doit résulter naturellement de la disposition qu'il faut que les pièces reçoivent les unes par rapport aux autres, et qui, comme on le sait, doivent toujours s'ajuster ou se superposer, en commençant par les inférieures, et en allant successivement jusqu'à celles du haut.

Un poêle de faïence peut être carré ou rond, et se compose ordinairement de trois parties distinctes : 1°. d'une base profilée ; 2°. d'un corps principal ou fût, dans lequel le foyer est pratiqué ; et 3°. d'une corniche également profilée qui reçoit la tablette de faïence ou de marbre, qui forme la partie supérieure ou le couronnement.

Chacune de ces parties comprend, en outre, un nombre plus ou moins grand de pièces ou carreaux, selon les dimensions du poêle, et qui sont accolées les unes aux autres : pour les poêles carrés, elles sont plates et rectangulaires, à l'exception de celles formant les angles, lesquelles doivent être, par cette raison, à deux branches comme une équerre ; et dans les poêles de forme ronde, elles ont toutes, indistinctement, la courbure d'une portion du cercle.

La base et la corniche ne comprennent jamais qu'une assise chacune, tandis que le fût peut en avoir 2, 3 et même 4, selon la hauteur du poêle.

Ces sortes d'appareils s'ajustent nécessairement suivant un ordre analogue à celui observé pour la pose des poêles en fonte ou en tôle.

Ainsi, on placera d'abord la base sur l'aire en maçonnerie disposée à cet effet; puis la première assise du fût; ensuite la deuxième et la troisième s'il y a lieu, et enfin la corniche et la tablette.

Les carreaux doivent être liés entre eux par des crampons fixés dans des trous conservés à cet effet dans les épaisseurs; les joints se remplissent avec de la terre à four délayée, et l'ensemble du système se maintient au moyen de bandes ou brides en cuivre qui font le tour du poêle, que l'on serre avec des vis, et qui sont placées de manière à recouvrir les joints horizontaux des assises, tout en contribuant à l'ornement de l'appareil.

Quant à ce qui concerne le démontage,

on conçoit qu'il doit se faire en suivant l'ordre inverse à celui indiqué ci-dessus.

L'établissement des tuyaux, soit en tôle, soit en faïence, exige surtout une attention particulière, parce qu'il n'est point indifférent d'en assembler les diverses parties d'une manière plutôt que d'une autre : aussi ferons-nous remarquer, à cet égard, qu'il faut toujours que la deuxième partie qui forme un tuyau soit introduite dans la première, la troisième dans la seconde, et ainsi de suite, afin que les infiltrations du bistre, qui provient de la condensation de la fumée dans les parties supérieures du tuyau, ne puissent avoir lieu par les joints, ce qui est immanquable lorsque la disposition que nous venons d'indiquer n'est point observée, et que les tuyaux ont une inclinaison peu prononcée.

CHAPITRE IX.

Des Calorifères à air. — Calorifère salubre de M. Ollivier. — Calorifère à circulation extérieure de Désarnod.

ARTICLE PREMIER.

Calorifères à air.

CES sortes d'appareils servent à échauffer
de grands établissemens, une grande salle ou
un certain nombre de chambres au moyen
d'un seul foyer; ils présentent en outre l'a-
vantage de pouvoir brûler un combustible
plus économique qui ne serait pas agréable
dans un appartement. Leur construction varie beaucoup; mais il consiste toujours en un
appareil dans lequel le feu et le courant d'air
brûlé sont en contact avec des conduits qui
renferment de l'air qui s'échauffe et qui se
répand ensuite dans les salles que l'on veut
chauffer. Pour obtenir un bon résultat, il
faut multiplier autant que possible les surfaces en contact avec la chaleur du foyer,
et que la masse d'air qui passe dans les conduits soit suffisante pour établir une circu-

lation d'air dans les salles de manière à fournir 16 mètres cubes pour chaque individu
par heure.

En général, les calorifères n'étant pas destinés à échauffer le lieu où ils sont établis,
qui est ordinairement un caveau ou un endroit plus bas que les pièces à échauffer, parce
que c'est la chaleur qui doit déterminer le
mouvement du courant d'air, ne doivent
pas, comme les poêles, être construits en
matière bonne conductrice du calorique,
ainsi on fera usage de briques, pierres, etc.;
et s'ils sont en métal, on devra les envelopper
avec ces matières, afin de concentrer la chaleur dans l'intérieur de l'appareil.

Quant aux tuyaux, on préférera toujours
le cuivre à la fonte, attendu que ce premier
métal laisse traverser plus facilement la chaleur.

On donne ordinairement aux tuyaux qui
sont placés au-dessus du foyer, ainsi qu'aux
trois premiers qui suivent immédiatement,
2 centimètres d'épaisseur lorsqu'ils sont en
fonte, et 5 millim. lorsqu'ils sont en cuivre,
en raison de ce qu'ils doivent supporter une
température plus élevée que les autres. Ces

derniers peuvent être de 2 millimètres ; mais on peut réduire à 1 millimètre $\frac{1}{2}$ et même à 1 millimètre ceux qui sont placés au-dehors du fourneau, et qui portent l'air chaud dans les pièces que l'on veut échauffer.

Les *figures* 30 et 31, *Pl. I,* représentent un calorifère à air.

La *figure* 31 est une coupe perpendiculaire aux axes des cylindres.

La *figure* 30, une autre coupe faite par un plan passant par les axes de plusieurs cylindres.

A, foyer d'où s'échappent les produits de la combustion, pour passer sous le premier rang de cylindre, remonter entre le premier et le second rang, puis entre le second et le troisième, ensuite entre le troisième et le quatrième, et jusqu'à ce qu'ils passent dessus le dernier et sous la voûte en briques pour se rendre dans la cheminée *fg*.

Cette cheminée, qui a pour objet de dégager de la chaleur dans toutes les pièces qu'elle traverse, au moyen de tuyaux en cuivre *fg* dont elle est composée, s'élève au-dessus du bâtiment.

Dans la *figure* 30 les flèches indiquent les

directions des courans d'air chaud dans l'intérieur des cylindres.

Dans la *figure* 31 les flèches indiquent les courans d'air chaud en contact avec les cylindres.

b est l'orifice par lequel l'air atmosphérique s'introduit pour passer dans des conduits ou encaissemens ménagés dans la maçonnerie, d'un rang de tuyaux au rang supérieur, et communiquant avec les cylindres, où ils circulent suivant les directions indiquées par des flèches de *b* en *b'*, de *c* en *c'*, de *e* en *e'* pour se rendre dans des tuyaux en cuivre *f g*, destinés à porter la chaleur dans les étages supérieurs.

ARTICLE II.

Calorifère salubre de M. Ollivier. (1)

Les avantages de cet appareil sont d'utiliser une très grande partie du calorique développé par la combustion, sans odeur ni fumée; de brûler la fumée; de laisser jouir

---

(1) Description des machines et procédés spécifiés dans les brevets d'invention, de perfectionnement, etc., tome v.

entièrement de la vue du feu ; de donner
une chaleur sensiblement graduée, et qui
peut se conserver long-temps dans l'appartement ; de pouvoir arrêter le feu tout à
coup, en cas d'incendie, en fermant les re-
gistres ; de pouvoir faire chauffer un volume
de 10 à 12 seaux d'eau, à l'aide d'une chaudière placée au-dessus du foyer, qui se chauffe
sans augmentation de combustible ; de renvoyer dans l'appartement la chaleur qui passe
par des conducteurs placés derrière la glace
de la cheminée, en employant des tissus métalliques ; de supprimer les faîtes des tuyaux
de cheminées, qui deviennent inutiles, puisque cet appareil est fumivore ; de pouvoir
préparer les alimens comme dans une cuisine, sans se priver de la vue du feu ; et enfin de pouvoir chauffer les étages supérieurs
aux dépens de celui qui est au-dessous.

La *figure* 10, *Pl. III,* est l'élévation de
face du calorifère dont il s'agit.

Figure 11. Plan coupé suivant $x\ x$.

Figure 12. Le plan du foyer.

a. Foyer où se met le combustible.

b. Conduits pour la flamme et la fumée,
qui prennent une direction horizontale.

c. Tablette qui couvre les conduits *b.*

d. Contre-cœur en émail.

e. Colonnes dans lesquelles s'élèvent la chaleur et la fumée, qui, après avoir parcouru l'architrave, vont s'échapper par le tuyau de cheminée commun *f.*

g. Soupape placée dans le canal du fond, et dont l'axe traverse le chambranle *h.* Cet axe fait mouvoir les soupapes placées dans l'architrave.

e'. Plan des colonnes *e.*

Les tables et colonnes de cet appareil sont en argile de toute espèce, émaillées en toute couleur, peintes et décorées comme la porcelaine, et même en porcelaine, pour remplacer les plaques en fonte des cœurs et contre-cœurs des cheminées.

Les foyers sont proportionnés aux corps des cheminées de la manière suivante : pour du bois de 10 à 14 pouces de long, le canal doit avoir 8 pouces sur 4 ; pour celui de 14 pouces sur 21, 8 pouces sur 5 ; enfin, pour la bûche entière de 42 pouces, le canal aura 12 pouces sur 6.

Ce calorifère, qui a été soumis à de nombreuses expériences (*voyez* Chap. XI), a donné

plus de chaleur que l'appareil de Curaudau
et le foyer de Désarnod dit de deuxième
grandeur.

Calorifère perfectionné de M. Ollivier.

M. Ollivier a apporté les changemens suivans à son premier calorifère : il place le feu
dans le foyer *a* (*fig.* 13, 14, 15 et 16,
Pl. III); la chaleur parcourt la cheminée en
passant verticalement par le cœur *b* et le
contre-cœur, qui est en matière émaillée,
pour se rendre en *c*, où elle passe sous le
foyer et de là dans les colonnes *d*, d'où elle
s'échappe dans la cheminée par les conduits
ou tuyaux *e*, placés dans l'épaisseur du
chambranle.

Le passage *f* doit toujours rester libre pour
ramoner la cheminée au besoin.

Les expériences auxquelles cet appareil a
été soumis (*voyez* Chap. XI) n'ont pas justifié
sa dénomination : il est très inférieur au premier sous le rapport de l'économie ; mais
comme sa construction peut permettre de le
placer dans beaucoup plus d'endroits, nous
avons cru bien faire d'en donner la description et les dessins.

M. Ollivier a appliqué les principes de ses appareils au chauffage des grands établissemens.

Calorifère à circulation extérieure, de Désarnod
(Fig. 4, 5 et 6, Pl. IV). (1)

Le moyen employé pour élever la température des grands appartemens à l'aide de l'air chaud, a l'avantage de mettre à l'abri de l'incendie, d'être économique et agréable; on peut, par des dispositions convenables, porter très promptement le calorique dans la pièce où l'on en a besoin. La chaleur se répand uniformément et sans aucune mauvaise odeur. Il ne peut jamais y avoir de courant d'air froid : l'air est continuellement renouvelé, ce qui rend les appartemens très sains.

Le calorifère à circulation extérieure, dont nous allons donner la description (2), réunit

---

(1) Le prix de ces calorifères est de 1000 à 3000 fr.' suivant leurs dimensions et la longueur des tuyaux à employer.

(2) Extrait du *Bulletin de la Société d'Encouragement,* 16ᵉ année.

tous les avantages ci-dessus indiqués, et les expériences faites dans de grands établisse-mens ne laissent aucun doute sur son effica-cité.

Le foyer a la forme d'une cloche ; il est muni, dans sa partie inférieure, d'une grille mobile, et il est posé sur un socle formant un cendrier.

Le foyer a une ouverture garnie d'une gueule par où l'on introduit le charbon. On bouche cette gueule avec un tampon qui s'y adapte et la ferme hermétiquement.

Le cendrier a aussi une porte à coulisse que l'on ouvre pour attiser le feu et dégager la grille des cendres et des autres matières qui l'obstruent.

Au-dessus du foyer est une espèce de lan-terne ou tambour avec lequel il communique par un collet. La fumée monte d'abord dans cette lanterne, puis descend par six tuyaux dans une gargouille ou canal circulaire qui entoure horizontalement et aux trois quarts la partie inférieure du foyer. Elle remonte de là par sept autres tuyaux dans une lan-terne placée au-dessus de la première ; elle s'y réunit et passe ensuite dans un tuyau ordinaire qui aboutit au-dessus des toits.

Cet appareil est recouvert par une double enveloppe qui ne descend pas plus bas que le canal circulaire ; l'air passe aisément dessous, circule autour du foyer et des tubes, puis se répand dans les salles par un conduit de 5o pouces carrés.

On place chacun de ces calorifères dans un caveau d'environ 10 pieds (3^m·,3o) en tous sens, construit sous la salle. Ces deux caveaux sont fermés par une porte à deux vantaux, mais l'air entre par deux ouvertures pratiquées en haut, et ces ouvertures peuvent s'agrandir ou se rétrécir à volonté, au moyen de coulisses.

Pour alimenter la combustion, l'air vient de l'extérieur par un canal souterrain qui l'amène sous la grille, de manière qu'il n'a aucune communication avec l'air du caveau; autrement, si celui-ci pouvait être attiré pour entretenir le feu, on perdrait le calorique qu'il contient, puisque cet air irait avec la fumée se répandre au-dessus des toits.

Si l'appareil n'avait qu'une seule enveloppe, le calorique aurait bientôt pénétré à

travers une aussi mince paroi, et la températu-
ture du caveau parviendrait à un degré d'é-
lévation tel qu'il ne serait pas possible d'y
entrer pour le service du calorifère : d'ailleurs
les murs en absorberaient une portion considérable en pure perte ; mais la couche d'air
qui passe rapidement entre les deux enveloppes, s'empare du calorique qui se dégage
de la première, et la température du caveau
ne s'élève pas au-delà d'un degré supportable ; déjà échauffé, cet air circule autour
du foyer, et de plus de 80 pieds (26 mèt.) de
tuyaux presque rouges, et lance dans la salle
un jet rapide, qui a plus de 70 degrés de
chaleur à l'embouchure du conduit.

Le calorifère qui était placé dans le cirque
des frères Franconi, faubourg du Temple,
élevait et maintenait la température à 15 et
18 degrés pendant 5 à 6 heures, dans une
salle contenant 40 mille pieds cubes, avec la
modique dépense de 4 francs pour deux fourneaux.

Dans une expérience faite en présence des
commissaires de la Société d'Encouragement,
un calorifère semblable à celui du cirque de
MM. Franconi, a élevé la chaleur d'une

pièce contenant 8700 pieds cubes d'air, à 28 degrés au-delà de la température qu'elle indiquait, et cela en 4 heures de temps et avec une dépense de 4 francs de combustible : le lendemain il y avait encore 13 degrés de chaleur produite.

Pour nettoyer les endroits où la suie peut s'engager, on a ménagé le moyen d'y parvenir à l'aide de portes convenablement placées. On pénètre sans peine à travers les chemises dans les lanternes, dans les tuyaux et dans le canal circulaire où ils abouchent, de sorte qu'en peu de temps le calorifère est parfaitement nettoyé au moyen de brosses et d'instrumens appropriés à cet usage.

Le rapporteur ajoute : « C'est beaucoup, sans doute, d'échauffer rapidement un vaste espace; mais si l'appareil dont l'établissement occasione déjà une forte dépense, exigeait de fréquentes réparations, le but d'économie ne serait pas atteint; ce point essentiel n'a pas été négligé : toutes les pièces qui peuvent être détruites par l'effet de la haute température à laquelle elles sont exposées, sont en fonte, c'est-à-dire le foyer, le cendrier, les lanternes et les tuyaux servant à la circula-

tion intérieure de la fumée ; le foyer même
est divisé en deux pièces, de sorte que la
partie inférieure la plus exposée à l'action
du feu, peut, à peu de frais, être renouvelée, et encore doit-elle durer dix ans. Quant
aux autres pièces, il est démontré par l'expérience qu'elles peuvent servir à plusieurs
générations.

« Mais les localités ne permettent pas toujours de placer le calorifère sous la pièce que
l'on veut échauffer ; il y a même des circonstances où il est plus avantageux qu'il soit au-
dedans ; c'est ce qui a lieu lorsqu'on a besoin
d'échauffer en même temps plusieurs étages,
et c'est la circonstance qui se présente le plus
souvent dans les manufactures où l'on a de
vastes ateliers. Dans ce cas l'appareil ne doit
pas être revêtu d'enveloppes extérieures. On
doit toujours tirer du dehors l'air servant à
la combustion, et cela est essentiel, afin
qu'aucune partie de l'air chaud de la pièce
ne soit entraînée dans le tuyau du foyer. On
conduit cet air chaud dans les étages supérieurs sans employer aucuns tuyaux particu-
liers ; on se contente de percer les planchers,
de manière à établir un courant qui mêle,

le plus promptement et le plus également possible, l'air chaud d'en bas avec celui des pièces au-dessus. »

La *figure* 4, *Pl. IV*, représente l'élévation du calorifère vu de face.

La *figure* 5, le plan de cet appareil.

La *figure* 6 est une coupe de l'élévation suivant la ligne AB de la fig. 5.

A, socle dans lequel est renfermé le cendrier, composé d'un tiroir en tôle.

B, anneau sur lequel repose la grille.

C D, cloche ou fourneau.

E, collet qui entoure le sommet de la cloche.

f, lanterne inférieure.

F', chapeau de la lanterne *f*.

G G, tuyaux courts descendans, au nombre de six.

H H, gargouilles dans lesquelles circule la chaleur fournie par les tuyaux G G.

I I, pièces à trous pour recevoir les tuyaux.

L L, tuyaux longs ascèndans, au nombre de sept.

M, lanterne supérieure.

m, faux fond de cette lanterne.

N, chapeau de la même lanterne..

O, porte du foyer.

P, gueule ou. ouverture aboutissant à la porte du foyer.

Toutes ces pièces sont en fonte de fer, les suivantes sont en tôle.

Q, tuyau à fumée ajusté sur le chapeau de la lanterne supérieure.

R R, deux cheminées ou enveloppes en tôle, divisées en seize parties ou panneaux, réunis par des cercles de fer ; elles sont établies sur des supports o o, fixés à vis et à écrou sur le socle.

S, conducteur de l'air chaud entre les deux cheminées.

T, cendrier établi sur deux coulisseaux de fer et portant deux poignées.

Pour faciliter le ramonage, on a pratiqué un portillon U dans un socle A, deux portes v v aux cheminées, un tampon double dans la gueule, avec sa poignée ; deux portes à chacune des lanternes, deux tampons simples sur le devant de la gargouille, une porte dans son milieu : ces quatre derniers objets n'ont pu être indiqués sur les figures.

Les mêmes lettres désignent les mêmes objets dans toutes les figures.

Lorsqu'on veut chauffer un rez-de-chaussée et des étages au-dessus, il faut préalablement construire le caveau souterrain dont
nous avons parlé, de 9 à 10 pieds en carré
(3^m,30) sur autant de profondeur, fermé par
une porte à deux vantaux, laquelle est percée
d'une ouverture qu'on peut augmenter ou
diminuer à volonté. Un canal en maçonnerie
est amené d'une distance de 12 à 15 pieds
(4 à 5^m), et passe par-dessous la porte; il dé-
bouche sous le cendrier et fournit au calorifère l'air nécessaire pour alimenter le feu,
sans que celui-ci puisse en tirer du caveau.

Pour établir l'appareil, on commence par
placer le socle de fonte A bien de niveau sur
une dalle de pierre, et on le calfeutre en dedans avec du plâtre et de l'argile; on pose
dessus l'anneau B qui reçoit la grille C et la
cloche D, qu'on surmonte du collet E, et de
la lanterne inférieure F.

Les quatre angles du socle portent la gargouille, qui à son tour reçoit la pièce percée
de treize trous I, sur laquelle on établit
les six tuyaux descendans G, qu'on place
de deux en deux dans les trous pairs; on
approche leur sommet contre la lanterne

F, et on les fait entrer dans les doubles
rebords de cette lanterne, puis on pose les
sept tuyaux ascendans L dans les trous im-
pairs, et on réunit leurs extrémités à la lanterne M, qu'ils soutiennent. Au fond de cette
seconde lanterne on place le faux fond M,
et on le ferme avec son couvercle N ; on place
de même le chapeau F de la première lanterne.

Tout étant ainsi disposé, on assemble les
chemises ou enveloppes de tôle, on fixe la
gueule de fonte P contre la cloche, au moyen
de vis, et on surmonte le chapeau de la lanterne M du tuyau Q, de 6 pouces de diamètre
(o^m,16), destiné à conduire la fumée au-dehors; ce tuyau est entouré d'un autre tuyau
de 11 pouces (o,^{m}32) de diamètre, qui s'adapte
au sommet de la seconde chemise, pour recevoir et conduire la chaleur au lieu de sa destination, et qu'on scelle dans les trous faits
à la voûte des caveaux, de manière à ne
laisser échapper aucune portion d'air.

On allume avec du menu bois sec un feu
clair sur la grille, on y ajoute du charbon
de terre en médiocre quantité; la fumée s'é-
lève d'abord au sommet de la cloche, et
passe par le collet dans la lanterne infé-

rieure; celle-ci la divise et l'introduit dans les six tuyaux descendans, qui la portent dans la gargouille, où elle plonge pour remonter ensuite dans les sept tuyaux ascendans, et de là dans la deuxième lanterne, où elle se réunit pour être conduite au-dehors par le tuyau Q, après avoir parcouru un espace de plus de 80 pieds (26^m·) dans l'intérieur des chemises, et pendant ce trajet s'être dépouillée de presque toute sa chaleur. ·

Les enveloppes ou chemises étant ouvertes par le bas, et la chaleur de la cloche et des tuyaux descendans et ascendans se faisant fortement sentir dans la première chemise, s'échapperait en grande partie par les pores, si une couche d'air interposée entre elle et la seconde chemise ne s'y opposait. Cette couche d'air ayant une libre circulation de bas en haut, s'empare sans cesse de la chaleur qui lui arrive à travers la première chemise; elle l'emporte au sommet des deux, où se trouve le tuyau conducteur de la chaleur, dans lequel elle se réunit avec celui de l'intérieur de la première chemise, pour passer de là dans les lieux destinés à être chauffés.

Cependant, si, en faisant un très grand feu,

la deuxième chemise recevait de la chaleur par l'excès de celle communiquée à l'air par la première, cette chaleur se répandrait dans le caveau ; mais elle n'y serait pas perdue, parce que l'air qui se précipite d'en haut par les guichets, se mêle de suite avec celui du caveau déjà tiède, et ces deux airs ainsi confondus, entrent ensemble sous les chemises pour s'échauffer en passant autour des surfaces brûlantes qu'elles contiennent.

Avant de mettre le feu, l'air est en stagnation dans le canal souterrain, dans le caveau, dans l'intervalle des deux chemises, autour des tuyaux de chaleur et de fumée et de la cloche ; mais aussitôt qu'on allume, il met en mouvement, d'abord celui du canal souterrain qui l'alimente ; ensuite il chauffe, dilate et raréfie l'air qui l'environne, et dans cet état il s'élève rapidement par la légèreté qu'il vient d'acquérir d'une part, et de l'autre par la pression de l'atmosphère, qui vient le remplacer à mesure par les guichets. Il en résulte qu'il s'établit un courant tellement rapide, lorsque le feu est allumé, qu'à 6 pieds (2$^\text{m}$) de distance on ne peut tenir la main devant une bouche de 5o pouces carrés, par laquelle sort l'air chaud.

CHAPITRE X.

Chauffage à la Vapeur. — Application de ce chauffage
à un grand établissement.

ARTICLE PREMIER.

Chauffage à la Vapeur.

Ce mode de chauffage, dont les appareils
reçoivent souvent le nom de *Calorifères à
vapeur*, réunit les avantages de tous les
procédés en usage, sans en avoir les inconvéniens ; il convient particulièrement
aux grands établissemens renfermant des
matières très combustibles, et surtout aux
bibliothéques publiques, etc.

L'appareil est composé d'une chaudière
fermée et de plusieurs tuyaux ou conduits
destinés à porter la chaleur dans les différens étages de l'établissement.

Pour bien remplir son objet, la chaudière
doit être en cuivre, qui est un des meilleurs
conducteurs de la chaleur ; le fond en doit
être mince, afin de mieux transmettre la
chaleur et de porter plus promptement l'eau

à l'ébullition, et il n'en est que plus durable, parce qu'il n'est pas nécessaire de l'exposer à un feu ardent. Ce fond doit présenter une surface assez étendue pour recevoir toute l'action du feu, qui doit en élever la chaleur constamment au-dessus de 100 degrés centigrades. Une trop grande surface ne produirait pas de vapeur; trop petite, l'effet deviendrait insuffisant.

Quant à la forme de la chaudière, elle est très variable; les plus communes, en Angleterre, sont celles appelées *chaudières en chariot;* elles sont rectangulaires, avec un sommet semi-cylindrique; le fond est ordinairement courbé, la concavité tournée au feu. Quelquefois aussi on donne de la courbure aux côtés; mais il paraît que la forme cylindrique a des avantages marqués sur les autres, et doit être préférée.

Les tuyaux pour conduire la vapeur se font ordinairement en fonte de fer, quelquefois en cuivre; celui-ci étant plus coûteux, est généralement moins en usage. Cependant on doit l'employer dans les séchoirs, parce que le fer gâte le linge.

Les dimensions de la chaudière et des

tuyaux se règlent sur la quantité de chaleur dont on a besoin, et d'après les données suivantes :

1°. Une chaudière de cuivre de 2 ou 3 millimètres d'épaisseur, produit 40 à 50 kilogrammes de vapeur par heure et par mètre carré de surface exposée au feu d'un foyer ordinaire, pour la production desquels on brûle 6 à 7 kilog. de houille.

2°. Dans les tuyaux destinés à porter la chaleur, et dont l'épaisseur est de 1 millimètre et demi, la vapeur condensée est égale *en poids à* 1,2 kilog. pour chaque mètre carré par heure; la quantité de chaleur qui en résulte équivaut à $1,2 \times 650$ degrés ou 780 unités; ou à celle de 100 mètres cubes d'air, dont la température serait élevée de 25 degrés.

Un résultat pratique, reconnu en Angleterre, démontre qu'il faut 1 mètre carré de fonte, ayant 2 centim. d'épaisseur, chauffé constamment par la vapeur, pour élever de 20 degrés la température de 67 mètres cubes d'air.

Avec ces données, il est facile de déterminer les dimensions de la chaudière propre au chauffage par la vapeur, d'une pièce d'une grandeur donnée, ainsi que l'étendue de la surface des tuyaux, la quantité de combustible à dépenser par heure, etc.

Supposons, par exemple, que toute la masse de l'air à échauffer par heure, y compris le renouvellement, soit de 1000 mètres cubes, et que sa température doive être élevée de 20 degrés, on dira : 1000 mètres cubes d'air pèsent 1300 kilogrammes, qui équivalent, à cause de leur moindre chaleur spécifique, à $\frac{1300}{4}$ ou 325 kilog. d'eau, et exigent par conséquent 325×20 degrés ou 6500 unités; la perte par les murs et les fenêtres étant évaluée à un cinquième de cette quantité, ou a 1300 unités, il faudra en tout produire 7800 unités de chaleur. Comme, dans la pratique, on peut retirer d'un kilogramme de charbon 3900 unités, il faudra dépenser $\frac{7800}{3900}$ ou 2 kilog. de combustible par heure, ou 20 kilogrammes par journée de dix heures; ce qui équivaudra à un quart d'hectolitre dont la valeur est de 1 franc à Paris.

La quantité de vapeur pour former cette chaleur sera de $\frac{7800}{650}$ ou 12 kilog. par heure.

Or, puisqu'un mètre produit 40 kilog. de vapeur par heure, la surface chauffante de la chaudière sera de $\frac{12}{40}$ ou $0^m,3$, ou à peu près un tiers de mètre carré. On peut déterminer aussi la surface rigoureusement nécessaire de tuyaux qui donnent la chaleur, en se rappelant que 1 mètre de tuyaux produit 780 unités; d'où il suit que, pour développer les 7800 unités nécessaires dans ce cas-ci, il faudra une surface de tuyaux égale à $\frac{7800}{780}$ ou 10 mètres carrés. Si donc on donne aux tuyaux 1 décimètre de grosseur ou 314 millimètres de circonférence, il en faudra une longueur totale de $\frac{10}{0,314}$ ou de 32 mètres environ.

Le fourneau doit être construit en matériaux qui soient mauvais conducteurs de la chaleur, puisque l'objet qu'on se propose est d'employer toute l'action calorifique sur la chaudière : il est cependant indispensable de faire entrer du métal dans certaines parties, mais il faut en employer le moins possible. L'emplacement pour le combustible et la chaudière doit être établi en briques à l'épreuve du feu, maçonnées avec de l'argile; le reste de la maçonnerie doit être en briques dures et bien cuites.

La grandeur de la grille destinée à recevoir le combustible est estimée, dans la pratique, à un dixième de mètre par 5 kilog. de charbon; et pour obtenir une bonne combustion, il doit y avoir constamment sur la grille une couche de charbon de 5 à 6 centimètres d'épaisseur.

Les tuyaux sont placés dans le sens de la longueur, ainsi que l'indique la *fig.* 3, *Pl.* iv, dans le lieu à échauffer; et, afin que tout l'ensemble puisse se soumettre aux effets de la dilatation et de la contraction occasionés par les différentes températures qu'ils éprouvent, les tuyaux ne doivent pas être arrêtés d'une manière invariable; on aura soin, au contraire, de les rendre libres, en les faisant supporter par des rouleaux. Pour faire juger de la nécessité de ce que nous venons de dire, nous ferons connaître que, si la longueur d'un tuyau de fonte est égale à 1, au point de congélation, elle sera de 1,00111 au terme de l'ébullition; et cette dilatation sera de 0,0017, si les tuyaux sont en cuivre; et nous ajoute-

27

rons qu'aucune partie d'un bâtiment ordinaire ne serait capable de résister à la force
de dilatation d'un tuyau en fer ; et s'il y
a aux extrémités une résistance égale à la
force de la pression, il faudra que les
tuyaux se rompent, soit dans leur jonction,
soit dans quelques parties de leur longueur.

Pour assembler les tuyaux entre eux, il
faut remarquer que les joints doivent être
impénétrables à la vapeur, et qu'il faut
éviter de les emboîter, parce que la dilatation, la contraction, le mouvement des
tuyaux, ne tarderaient pas à lui livrer passage. La meilleure manière de joindre les
tuyaux est au moyen de renflemens aplatis ;
on place entre les joints de la toile d'un tissu
peu serré, qu'on a soin d'enduire de céruse
préparée comme pour de la peinture épaisse ;
et, au moyen de boulons à écroux, on rapproche les deux parties assez pour que le
joint ne présente aucune ouverture à la
vapeur.

On a profité de la dilatation des tuyaux
pour suspendre l'introduction de la vapeur,
lorsque le lieu à échauffer est arrivé à une
température déterminée ; en effet, comme

l'allongement augmente avec l'accroissement
de chaleur, il suffit de placer à l'extrémité
libre du tuyau, une soupape contre laquelle
cette extrémité, en se dilatant, vienne s'appliquer pour fermer l'ouverture et ne plus
donner issue à l'introduction ultérieure de
la vapeur.

Nous nous arrêterons à cet aperçu, parce
que les bornes de ce Manuel ne nous permettent pas d'entrer dans tous les détails de
construction de ces sortes d'appareils dont
le mécanisme exigerait de grands dévelop-
pemens pour être entendu, et qui nécessite-
raient d'ailleurs un grand nombre de planches que ne pourrait pas comporter ce genre
d'ouvrage sans sortir des limites prescrites.
Nous renvoyons donc nos lecteurs aux traités
spéciaux sur cet objet.

ARTICLE II.

*Chauffage à la Vapeur appliqué à un grand établis-
sement.* (1)

On voit en A (*fig.* 3, *Pl.* IV) le fourneau
de la chaudière.

---

(1) *Bulletin de la Société d'Encouragement*, tome VI.

La cheminée de ce fourneau conduit la fumée dans les tuyaux de fonte de fer ı , 2 , 3 , 4. Les tuyaux sont logés dans l'anti-chambre des ateliers et entourés de briques, excepté vis-à-vis des petites ouvertures 5, 6, 7 et 8. Un courant d'air est admis par le bas en 9, et il arrive dans les ateliers par ces ouvertúres, après avoir été *réchauffé* par son contact avec les tuyaux de fer ascendans.

Cette disposition met, autant qu'il est possible, à profit la chaleur perdue par le combustible. On peut la supprimer dans le cas où l'on craindrait quelque danger du feu, et faire passer la fumée par une route qui en mette absolument à l'abri. Cependant, il n'est pas présumable que les tuyaux d'ascension de la fumée, disposés comme ils le sont, puissent, dans aucun cas, provoquer des accidens. Le plus grand inconvénient des poêles ordinaires vient de ce que l'intensité de la chaleur peut faire fondre, rougir et entr'ouvrir la matière dont ils sont composés; la continuité du métal, depuis le foyer jusqu'à l'extrémité des tuyaux, fait que ceux-ci participent à la forte chaleur et sont sujets aux mêmes accidens.

Ici la fumée, passant préalablement dans un canal de briques, ne peut jamais communiquer aux tuyaux un degré de chaleur suffisant pour les faire éclater. Ces mêmes tuyaux, n'ayant d'ailleurs de communication avec l'intérieur de la chambre que par de petites ouvertures, ne peuvent point être mis en contact avec des matières combustibles, et se trouvant entourés d'air qui se renouvelle continuellement, ils ne peuvent donner à la cage en maçonnerie qui les enveloppe qu'un degré de chaleur modéré.

On peut garnir les bras de fer qui supportent les tuyaux ascendans qui forment la cheminée, de quelques substances qui soient un mauvais conducteur de chaleur, comme des cendres, de la chaux, etc. On peut régler aussi, par des soupapes, l'émission de l'air chaud de ce courant ascendant à son entrée dans la chambre. Comme les tuyaux ne sont pas exposés à se fendre, il n'y a point à craindre qu'ils introduisent de la fumée ou de la vapeur dans les appartemens.

La chaudière BB a 6 pieds de long (2 mèt.), 3 et demi (1^m,16) de large, et 3 pieds (1 mèt.)

de profondeur. Comme il n'y a rien de particulier dans l'appareil destiné au remplissage
constant, on l'a omis pour ne pas embarrasser
la figure. On peut placer la chaudière dans
l'endroit quelconque jugé le plus convenable.
Dans les lieux où il existe une machine à vapeur
à portée, on peut se servir de la vapeur de sa
chaudière. Le tuyau CC conduit la vapeur
de la chaudière jusqu'au premier tuyau vertical, O, O, D. Il y a, en E, une jonction mobile garnie de filasse ou de toile, pour qu'elle
ne laisse pas échapper la vapeur ; celle-ci,
après s'être élevée dans le premier tuyau
O, O, D, entre dans le conduit F, F, F,
qui est légèrement incliné à l'horizon, elle
en chasse l'air, qui s'échappe en partie par la
soupape G, et passe en partie par les autres
tuyaux. La soupape G étant fort chargée., la
vapeur est forcée de descendre dans le reste
des tuyaux d, d, d; l'air qui les remplissait
fuit devant elle; il passe par des tubes
H, H, H, dans le tuyau M, M, M, qui a la
pente nécessaire pour amener l'eau au siphon K, d'où elle descend dans le réservoir N, d'où enfin elle retombe presque
bouillante dans la chaudière.

Tous les tuyaux sont en fer fondu, excepté le conduit M, M, M, qui est de cuivre. Les tuyaux verticaux font l'office des colonnes, et portent les sommiers au moyen de bras O, O, O, qu'on peut élever ou baisser à volonté, au moyen des coins P, P, P. Les tuyaux entrent d'environ 1 pouce dans les sommiers, qui leur sont attachés par des liens de fer Q, Q; ceux de l'étage inférieur reposent sur les supports de pierre S, S, S, S, et sont garnis de filasse en bas, pour que la vapeur n'y trouve point d'issue. Dans chaque étage, le tuyau qui arrive d'en bas reçoit le tuyau supérieur par un emboîtage garni de filasse, ainsi qu'on le voit en r. Les tuyaux de l'étage inférieur ont 7 pouces ($0^m,19$) de diamètre; ceux de l'étage supérieur, 6 p. ($0^m,16$), et les diamètres des tuyaux intermédiaires, dans les deux autres étages, sont compris entre ces dimensions extrêmes. L'épaisseur du métal est de $\frac{1}{8}$ de pouce ($0^m,01$). On fait les tuyaux inférieurs plus gros que les supérieurs, pour exposer une surface chaude plus considérable dans les pièces inférieures, parce que la vapeur descendant d'en haut dans tous les tuyaux, excepté le premier,

la chaleur ne serait point égale en bas, si
on ne compensait pas, par une plus grande
surface, la différence dans les températures
de la partie inférieure et supérieure du
tube.

Il n'est point nécessaire de munir cet
appareil de soupapes qui s'ouvrent en dedans; les tuyaux sont assez forts pour soutenir la pression atmosphérique.

Pour se procurer une quantité de vapeur
circulante plus ou moins forte, on peut augmenter le volume ou le nombre des tuyaux,
à l'effet de se procurer une température quelconque, inférieure au terme de l'eau bouillante, et qui soit toujours en rapport avec
l'établissement que l'on veut échauffer. On
pourrait même le dépasser en employant
un appareil assez fort pour comprimer la
vapeur; mais ce ne serait guère que pour
des expériences particulières.

CHAPITRE XI.

Expériences comparatives, faites par ordre du ministre de l'intérieur, par le bureau consultatif des arts, avec divers appareils pour déterminer les moyens de chauffage les plus avantageux sous le rapport de l'économie du combustible. (1)

Les expériences ont eu pour objet de reconnaître le degré de température constante au-dessus de celle extérieure, que pourrait donner dans un même appartement, pendant un même temps, la combustion d'une même quantité de combustible consommé dans des appareils de diverses formes, toutes autres circonstances étant égales d'ailleurs.

Il résulte des premières opérations qui ont eu pour objet de comparer les appareils de Curaudau et de Désarnod, que 100 kilogr. de bois, brûlés à la cheminée ordinaire, peuvent être remplacés à raison de la meilleure construction des appareils, par les quantités ci-après, savoir :

Foyer ordinaire de Désarnod. 39 kilog.

---

(1) *Bulletin de la Société d'Encouragement*, 5e année.

Foyer dit tour creuse du même. $39 \frac{1}{3}$
Foyer simplifié, *idem.* . . . $39 \frac{1}{4}$
Cheminées de Curaudau. . . . 33

On a fait aussi des expériences sur deux poëles de formes différentes, l'un de Curaudau, l'autre de Désarnod, appelé par l'auteur *poéle de Lyon perfectionné :* ce dernier a été allumé avec du charbon de terre. Il résulte de ces expériences, dont chacune a été double comme les précédentes, que 100 kilogrammes de bois ou de houille, brûlés à la cheminée ordinaire, peuvent être remplacés par les quantités suivantes :

Poêle de Curaudau. $20 \frac{1}{4}$ kilog. de bois.
Poêle de Désarnod. $15 \frac{1}{4}$ kilog. de houille.

D'après ces expériences, il est prouvé que les appareils de Désarnod et Curaudau, comparés à une cheminée ordinaire, procurent une grande économie de combustible ; mais l'emploi de ces appareils ne pouvant pas être considéré seulement sous le rapport seul de l'économie du combustible, il faut aussi l'envisager sous celui des dépenses de construction, d'entretien, de salubrité et d'agrément.

La maçonnerie est moins coûteuse que la fonte, et la tôle exige une dépense encore plus considérable. Il en est de même des frais d'entretien qui sont presque nuls dans les cheminées ordinaires, un peu plus considérables dans les foyers de Désarnod construits en fonte, et plus encore dans ceux de Curaudau, dont la tôle, présentant relativement à sa masse une plus grande surface, et étant plus oxidable par sa nature, sera plus promptement détruite.

Sous le rapport de la salubrité et de l'agrément, ces appareils laissent jouir de la vue du feu et du calorique rayonnant, comme les cheminés ordinaires ; la quantité de calorique rayonnant s'étendra également loin dans l'appartement, en employant l'un ou l'autre de ces trois appareils à foyer égal ; et l'intensité de ce calorique sera en raison inverse du carré des distances. (1)

---

(1) C'est-à-dire qu'à une distance double, triple, etc. un rayon de calorique aura 4 fois, 9 fois, etc. moins d'intensité ou de force calorifique. Ainsi en supposant que l'intensité de la chaleur d'un rayon observée à une certaine distance du foyer soit représentée par 36, si on

Les appareils de Curaudau et Désarnod étant construits avec un métal bon conducteur du calorique, répandent beaucoup de chaleur qui traverse ses pores. On y allume le feu avec facilité et promptitude ; on y accélère, on y ralentit la combustion à volonté.

L'appareil de Curaudau donne de la chaleur au moment même où l'on y met le feu ; dans celui de Désarnod, elle se manifeste un peu moins promptement, mais il s'en conserve une plus grande quantité.

Les expériences qui ont suivi celle ci-dessus ont été faites sur un plus grand nombre d'appareils, et on a trouvé les résultats suivans pour mesurer leurs avantages respectifs. Ces résultats sont rangés dans l'ordre que détermine la plus grande économie de combustible.

---

l'observe à une distance double de la première, le carré de 2 étant 4, l'intensité sera 4 fois moindre ou sera 9. Si on s'était porté à une distance triple ou 3 fois plus grande, comme le carré de 3 est 9, l'intensité aurait été trouvée 9 fois plus faible; c'est-à-dire que dans cet exemple elle serait représentée par 4.

Poêle fumivore de M. Thilorier. . . . 1,193
Fourneau domestique de Désarnod. 0,933
Poêle de Curaudau. 0,849
Foyer dit à tours creuses de Désarnod. 0,627
Foyer simplifié, grand surbaissé, du
    même. 0,568
Calorifère salubre de M. Ollivier. . . 0,530
Cheminée de Curaudau. 0,525
Foyer simplifié, deuxième grandeur,
    de Désarnod. 0,485
Calorifère perfectionné de M. Ollivier. 0,393
Cheminée ordinaire du bureau con-
    sultatif. 0,152

Pour compléter les résultats sur la chaleur utilisée avec différens appareils de chauffage, nous ajouterons les valeurs numériques données par M. Clément, dans son cours au Conservatoire royal des Arts et Métiers.

La combustion de 1 kilog. de bois par heure, dans un appartement de 100 mètres cubes de capacité, a élevé la température au-dessus de la température extérieure, savoir :

Therm. cent.

Avec une cheminée ordinaire. . . 0,148
       Id.   à la Rumford. 0,379

Therm. cent.

Cheminée de Désarnod 0,450

Poêle Curaudau. 0,714

Poêle Désarnod. 0,936

Pour obtenir la même température , on a brûlé , savoir :

Kilog. de comb.

Cheminée ordinaire. 100

    Id.   à la Rumford. 39

    Id.   Désarnod. 33

Poêle Curaudau. . . . . 20 $\frac{3}{4}$

Poêle Désarnod. . . . . 15 $\frac{3}{4}$

~~~~~~~~~~~~~~~~~~~~~~~~~~~~~~

CHAPITRE XII.

Calcul de la quantité de chaleur emportée par le courant d'air du tuyau d'une cheminée. — De la perte de la chaleur dans les appartemens. — Des moyens de retenir la chaleur dans les appartemens. — De la température des appartemens.

ARTICLE PREMIER.

Calcul de la quantité de chaleur emportée par le courant d'air du tuyau d'une Cheminée.

Pour connaître la déperdition de la chaleur par le conduit d'une cheminée, il faudra déterminer la vitesse du courant ascendant, ainsi que nous l'avons indiqué page 60, et calculer la quantité d'air qui passe par l'ouverture dans un temps donné, comme nous l'avons fait pages 61 et 62. Connaissant cette quantité d'air, sa température et sa chaleur spécifique, il sera facile de connaître la chaleur qu'il emporte, sachant d'ailleurs qu'il faut environ 20 kilog. d'air pour brûler un kilog. de charbon, et que la chaleur spécifique de l'air est de 0,2669. (1)

Il faudra, pour élever de 1 degré ces 20 kilog. 20 × 0,2669 = 5 unités 34 centièmes, et si on les élève à 150 degrés, 150 × 5,34 = 801 unités, qui est à peu près la perte inévitable par le tuyau de la cheminée ; et comme 1 kilog. de charbon produit 7050 unités par la combustion, le résultat est qu'il en faut absolument perdre 801 sur 7058, ou environ un *huitième*.

ARTICLE II.

De la perte de la chaleur dans les appartemens.

Plusieurs causes viennent se réunir pour occasioner une perte de chaleur considérable, indépendamment de celle nécessairement perdue par le foyer, et dont nous venons de parler à l'article précédent ; d'abord il s'établit des courans par les ouvertures qui communiquent au-dehors ; l'air froid extérieur entre par les fissures qui se trouvent au bas, et l'air chaud sort par celles qui sont

---

(1) Chaleur spécifique de l'air sous une pression de 76 centimètres.

vers le plafond. Ainsi lorsqu'il existe des croisées et des portes qui correspondent à des pièces dans lesquelles on ne fait pas de feu, on remarque, en présentant la flamme d'une bougie aux jointures, que la flamme est chassée en dedans par l'air entrant, tandis que la flamme présentée aux jointures d'une porte est attirée au-dehors dans les ouvertures supérieures par un courant d'air sortant, et qu'elle est repoussée dans la partie inférieure de la porte par un courant d'air entrant. Ces divers courans qui s'établissent, contribuent à refroidir la chambre : il convient donc de boucher le mieux possible toutes les issues en établissant le conduit qui doit fournir l'air nécessaire au foyer, et qu'on doit disposer, pour éviter des lames d'air froid, qui causent un refroidissement désagréable, de manière que le courant d'air pris au-dehors aille frapper quelque surface chaude autour du foyer, afin qu'il ne se répande dans la chambre qu'après s'être échauffé.

La ventilation qu'exige chaque individu, entraîne aussi une quantité de chaleur égale à la différence de température entre l'air extérieur et celle de l'air intérieur ; dans la pratique, cette perte est négligée, parce que si un certain nombre d'individus demeurent constamment dans l'appartement, leur respiration produit assez de chaleur pour contrebalancer celle perdue.

Quant à la perte de chaleur par les murs, les planchers et les plafonds, dès qu'ils sont amenés à la même température que celle de la chambre, ils n'absorbent qu'une petite quantité de chaleur s'ils sont en bois, en plâtre ou de matériaux mauvais conducteurs de la chaleur; mais ce qui occasione une déperdition considérable de chaleur, c'est le verre des fenêtres.

On compte dans la pratique que la perte de la chaleur par des murs ordinaires en pierre ou moellons de $0^m,60$ centimètres (2 pieds) d'épaisseur, est de $0,30$ par mètre carré; quantité qu'il faut augmenter dans le même rapport que la diminution de l'épaisseur des murs.

La déperdition au travers des vitres est évaluée à $0,57$ par mètre carré; mais on peut la diminuer par les moyens que nous allons indiquer, et la réduire à environ $\frac{1}{7}$ de ce qu'elle est ordinairement.

ARTICLE III.

Des moyens de retenir la chaleur dans les appartemens.

Nous avons vu que la chaleur filtrait continuellement à travers les murs, les portes et les fenêtres, etc. Pour diminuer cette espèce de filtration, il faut employer, dans l'épaisseur des murs et leurs revêtemens, des substances qui soient mauvais conducteurs du calorique : telles sont les pierres, certaines briques légères et poreuses, les tufs, les pierres ponces et d'autres concrétions spongieuses ; ces corps exigent, quand ils sont exposés au grand air, d'être recouverts d'un enduit impénétrable à l'humidité. Les briques surtout ont le défaut de s'emparer de l'humidité, et l'on ne doit s'en servir que là où elles sont à l'abri de la pluie ; leur force d'affinité pour l'eau est si grande, qu'elles l'attirent jusqu'à une hauteur de 4 à 5 pieds ($1^m,30$ à $1^m,50$) lorsque la base de la maison repose sur un terrain humide.

Les lambris en bois contribuent beaucoup à conserver la chaleur. On peut aussi interposer une couche de charbon pilé entre les murs et le lambris, ainsi que dessous le plan-

cher. Enfin, les antichambres servent beaucoup à maintenir la chaleur de l'appartement
principal, parce que l'air est mauvais conducteur du calorique, et que se renouve-
lant peu dans les lieux fermés, il conserve
une température moyenne, et soutire bien
moins la chaleur de l'appartement que ne
fait l'air froid.

En Russie, les croisées sont doubles ; on
en bouché les joints avec des étoupes ; on
colle ensuite sur ces mêmes joints bien cal-
feutrés, des bandes de papier ; mais comme
ces doubles châssis entraînent une grande
dépense, on peut adopter un moyen plus
simple et moins coûteux, et qui réunit presque tous les avantages du premier.

On pose chaque vitre de croisée double,
laissant entre chaque glace un intervalle
d'environ un tiers de pouce ; on évite de
cette manière la dépense des doubles croisées;
on a plus de jour dans les appartemens ; les
vitres ne ressuent et ne gèlent jamais, et
l'on est plus au chaud qu'avec un simple vitrage.

On peut encore mettre à la porte de l'anti-
chambre qui ouvre sur l'escalier, un tam-

bour en planches avec une porte battante qui se ferme seule : ce tambour aura assez de profondeur pour que la première porte soit tombée et fermée derrière celui qui entre avant qu'il ait ouvert la seconde porte ; cette première porte doit être matelassée ; et pour qu'elle se ferme d'elle-même, il faut que la patte du gond inférieur soit beaucoup plus longue que celle du gond supérieur, ou bien au moyen d'un poids ou d'un ressort. La porte du tambour et celle de l'antichambre, ou au moins la première, ne doivent pas avoir plus de deux pieds et demi de largeur (o^m,8o), et plus de six pieds (2^m) de hauteur, afin qu'il s'introduise un moindre volume d'air chaque fois qu'on ouvre.

ARTICLE IV.

De la température dans les appartemens.

Une personne qui agit peu dans une chambre, n'éprouve pas une sensation agréable de chaleur si la température ne s'y élève pas à 14 ou 15 degrés cent. ; cependant, par un temps froid, cette température paraît trop élevée pour quelqu'un qui vient de respirer un air à 5 ou 6 degrés au-dessous de zéro ; en effet, le passage subit d'une atmosphère de 15 degrés à celle de 5 degrés au-dessous de zéro , donne une différence de 20 degrés, trop considérable pour qu'on n'en soit point affecté fortement , et il serait à désirer qu'on n'eût à éprouver d'abord qu'une légère différence de température entre l'air d'une chambre et celui du dehors , et qu'on pût l'augmenter graduellement afin que le changement fût moins brusque , et d'éviter un danger que nous allons signaler. Si les vêtemens, par l'état de l'atmosphère extérieure, sont imprégnés d'humidité , on éprouve une sensation très vive de froid en entrant dans une chambre très chaude : cet effet est occasioné par la prompte absorption de l'humidité que l'air échauffé réduit en vapeur ; et cette évaporation , lorsqu'elle est subite, peut produire un froid tel , qu'on peut faire usage de ce moyen pour obtenir de la glace. (1)

L'effet analogue a lieu lorsqu'on sort d'une

---

(1) Voyez le *Supplément à l'Encyclopédie britannique* de Nappier, article *Froid*, et les expériences de M. Gay-Lussac, vol. xv, page 294.

chambre très chaude pour passer à l'air extérieur lorsqu'il est humide : on ressent un refroidissement plus considérable que si l'on était frappé par un air sec beaucoup plus froid, parce qu'il n'y a pas alors d'évaporation, cause de refroidissement.

Nous concluons, qu'en général, la température d'un appartement, pour être douce et bien respirable, ne doit pas excéder 10 à 12 degrés de Réaumur (15 deg. centig.), et que, lorsque l'atmosphère est humide et qu'on se dispose à sortir, il est prudent de se préparer à respirer l'air extérieur en changeant graduellement de température, en s'éloignant du foyer, et lorsqu'on entre dans un appartement, de ne s'en approcher que par degrés, lorsque les vêtemens contiennent de l'humidité, afin d'éviter une évaporation trop brusque.

CHAPITRE XIII.

Appareil pour ramoner les tuyaux des cheminées ordinaires et y éteindre le feu.—Ramonage des tuyaux
cylindriques des cheminées.—Ramonage des tuyaux
de poêles.

ARTICLE PREMIER.

*Appareil pour ramoner les tuyaux de Cheminées ordi-
naires, et pour éteindre le feu.*

M. Cadet de Gassicourt a importé d'Angleterre, en 1818 ; cet appareil, qui se compose de quatre brosses en barbe de baleine
réunies, à charnière, à une tige en bois; de
fortes baguettes creuses, aussi en bois, élèvent
ces brosses, et une corde qui traverse les baguettes sert à les réunir. Les quatre brosses
mobiles, d'égales dimensions et formant éven-
tail, sont attachées à une tige pleine et soutenue par des fourchettes reposant sur une
virole ou douille évasée; elles présentent le
mécanisme d'un parapluie, et sont disposées
de manière que, ployées et leurs extrémités
rabattues, elles occupent très peu de place
quand on les pousse vers le haut de la che-

minée. Lorsqu'on les fait redescendre, elles
se déploient et balaient la suie attachée aux
parois du tuyau de la cheminée. Les baguettes en bois ont 2 pieds 6 pouces (o,8o centimètres); elles sont creuses, et portent à leur
extrémité supérieure une virole ou anneau ;
l'autre bout est aminci pour entrer dans la
virole du tube correspondant. Une corde
attachée au chapeau de la brosse traverse la
série des baguettes, et les réunit en les maintenant dans une position verticale. La baguette inférieure est munie d'une vis qui
s'engage dans un écrou, et qui sert à arrêter
la corde à mesure qu'elle pénètre dans le
tube. Pour ramoner, on place devant la cheminée un rideau percé de deux ouvertures
longitudinales. Il est monté sur une tringle
de fer, divisée en deux branches qui glissent
l'une sur l'autre, et qui s'arrêtent par une
vis, afin de pouvoir s'allonger ou se raccourcir
à volonté ; les extrémités de cette tringle
s'engagent dans deux pitons fixés aux jambages de la cheminée. L'ouvrier, placé devant
le rideau, travaille en passant ses bras à travers les fentes du rideau. On établit sur l'âtre
de la cheminée un patin en fer portant une

poulie dans laquelle on passe l'extrémité de la corde, que l'on tend fortement ; on l'attache ensuite à un crochet adapté à ce même patin ; on introduit dans la cheminée la brosse renversée ; on tire le rideau, qui se ferme au moyen des boutons ou des attaches ; puis, après avoir arrêté la corde par un nœud au sommet du chapeau de la brosse, on la passe dans la première baguette, à laquelle on en adapte d'autres jusqu'à ce que la brosse soit parvenue en haut ; quand elle y est arrivée, on la fait mouvoir, en la poussant et en la retirant alternativement. Un ressort adapté à la tige supérieure empêche que les branches ou fourchettes qui la soutiennent ne se ploient pendant la manœuvre. Pour retirer l'appareil, l'ouvrier, après avoir dégagé la corde du patin, saisit de la main gauche la baguette supérieure, tandis que de la droite il retire celle qui vient après, et ainsi de suite jusqu'à la dernière. Si le feu est dans la cheminée, on peut facilement l'éteindre en couvrant la brosse d'un drap mouillé et en la promenant comme il est dit ci-dessus. (1)

---

(1) *Société d'Encouragement*, 1818, bull. 164, p. 32.

ARTICLE II.

Ramonage des tuyaux cylindriques des Cheminées.

Dans les cheminées trop étroites pour que le ramonage puisse se faire à la main comme dans les tuyaux cylindriques de terre cuite, ceux de fonte de fer, etc., on l'exécute à l'aide d'un fagot d'épines ou d'un balai rond qu'on promène dans toute la longueur du tuyau par le moyen de deux longues cordes, en les tirant, tantôt par le haut, tantôt par le bas.

ARTICLE III.

Ramonage des tuyaux de Poêles.

Pour nettoyer les tuyaux de poêle, on se sert d'un instrument (*fig.* 42, *Pl. I*) appelé *grattoir;* c'est un long bâton portant à l'une de ses extrémités un disque ou rondelle en fer, d'un diamètre un peu plus petit que celui des tuyaux, et qu'on y introduit en le faisant agir en tirant et en poussant pour détacher la suie fixée dans l'intérieur des tuyaux.

ARTICLE IV.

Moyens d'éteindre le feu dans les tuyaux de Cheminées.

Dès qu'on s'aperçoit que le feu a pris dans

un tuyau de cheminée, on doit aussitôt étendre sur l'âtre le bois allumé, ainsi que la braise, et y jeter le plus également possible trois ou quatre poignées de soufre réduit en poudre. On bouche immédiatement après le devant du foyer de la cheminée, en y plaçant un devant de cheminée ou un drap bien mouillé, qu'on a soin de tenir fortement à la partie supérieure et sur les côtés. Le soufre étant un très bon combustible, s'enflamme à l'instant, absorbe si fortement l'oxigène de l'air contenu dans le tuyau, que la flamme cesse aussitôt de brûler, et que le feu, quelque ardent qu'il soit, s'éteint à l'instant. Si le brasier est assez ardent, on peut remplacer le soufre par quelques poignées de sel de cuisine.

Lorsque le tuyau de la cheminée est garni à sa partie inférieure, vers la gorge, d'une trappe à bascule décrite page 204, il suffit de la fermer pour intercepter tout passage à l'air et étouffer le feu allumé dans ce tuyau.

APPENDICE.

Liste des inventions, perfectionnemens et importations publiés dans les recueils périodiques, les *Bulletins de la Société d'Encouragement*, etc., concernant le chauffage.

Brevets d'Invention, de Perfectionnement, etc. (1)

Moyen d'entretenir la chaleur. Brevet de 5 ans, délivré en 1814 à M. Chambon de Monteau.

Chauffage économique. Brevet de 5 ans, délivré en 1805 à M. Marmont.

Idem. Brevet de 5 ans, délivré en 1808 à M. Bertrand.

Appareil de chauffage de fourneaux. Brevet de 15 ans, délivré en 1813 à M. Désarnod.

Système de chauffage applicable aux cheminées et fourneaux. Brevet de 15 ans, délivré en 1815 à M. Julien Leroy.

Appareil pour chauffer les liquides. Brevet de 10 ans, délivré en 1807 à MM. Monnel et Fayt.

Cheminée en terre cuite. Brevet de MM. Borgnis et Coste, tom. I, page 156.

---

(1) Les brevets d'invention, etc., après leur expiration, sont publiés dans un ouvrage in-4°., intitulé *Description des machines et procédés spécifiés dans les brevets d'invention, de perfectionnement, etc.*

Cheminée économique. Brevet de 10 ans, en 1809, à M. Mozzanino.

Idem. Brevet de 5 ans, délivré en 1809 à M. Hénault.

Cheminée économique, salubre et agréable. Brevet de 5 ans, délivré en 1805 à M. Harel.

Cheminée qui ne fume pas. Brevet de 10 ans, délivré en 1801 à M. Grassot.

Même objet. Brevet de 5 ans, délivré en 1814 à M. Millet.

Mécanique pour empêcher les cheminées de fumer. Brevet de 5 ans, délivré en 1814 à M. Benoît Vincent.

Cinq moyens d'empêcher les cheminées de fumer, appelés fumifuges. Brevet de 5 ans, délivré en 1817 à M. Désarnod.

Cheminée et poêle. Brevet de 5 ans, délivré en 1806 à M. Debret.

Cheminée à réverbère. Brevet de 10 ans, délivré en 1805 à M. Brochet.

Cheminée en tôle. Brevet de 5 ans, délivré en 1817 à MM. Lotz et Simon.

Cheminée à la vapeur, en tôle, dite à la Nancy. Brevet de 5 ans, délivré en 1817 à M. Jacquinet.

Calorifère. Brevet de 10 ans, délivré en 1805 à M. Ollivier.

Économie du combustible. Brevet de 10 ans, délivré en 1800 à M. Duchamp.

Appareil pour le même objet. Brevet de 15 ans, délivré en 1816 à M. Doschot.

Emploi du combustible. Brevet de 15 ans, délivré en 1799 à M. Lehon.

Foyers économiques pour brûler le charbon de

terre sans odeur. Brevet de 5 ans, délivré en 1812 à MM. Potter et Mourtat.

Machine pour empêcher le refoulement de la fumée. Brevet de 5 ans, délivré en 1805 à MM. Caunes et Lanaspèze.

Chauffage économique. Brevet de 15 ans, délivré en 1806 à M. Marguerite.

Machine pour prévenir la fumée dans les appartemens. Brevet de 5 ans, délivré en 1806 à M. Bertrand.

Appareil nommé fumifuge. Brevet de 5 ans, délivré en 1817 à M. Giraud.

Parafumée. Brevet de 5 ans, délivré en 1810 à M. Gardet.

Poêle de M. Ollivier; tom. I, p. 129.

Construction de poêles. Brevet de 5 ans, délivré en 1811 à M. Dagoty.

Idem, de poêles économiques en métal. Brevet de 10 ans, délivré en 1815 à M. Ouzy.

Poêles économiques. Brevet de 5 ans, délivré en 1807 à M. Vallois.

Poêle économique et salubre. Brevet de 5 ans, délivré en 1802 à M. Bruine.

Poêle et cheminée. Brevet de 5 ans, délivré en 1806 à M. Debret.

Nouvelle manière de construire les poêles. Brevet de 5 ans, délivré en 1805 à M. Curaudau.

Poêle ventilateur. Brevet de 15 ans, délivré en 1811 à M. Curaudau.

Poêle à fourneau et à four. Brevet de 5 ans, délivré en 1812 à M. Picard.

Poêles fumivores. Brevet de 10 ans, délivré en 1800 à M. Thilorier.

Système de chauffage applicable aux cheminées et fourneaux. Brevet de 15 ans, délivré en 1815.

Procédé de chauffage au moyen d'appareils purgés d'air atmosphérique. Brevet de 10 ans, délivré en 1820 à MM. Hague et Grosley.

Bascule à réverbération applicable aux cheminées. M. Bertrand de Lyon; 1808. Brevets expirés, tom. IV, p. 298.

Poêle-cuisine fumivore de M. Thilorier; an VIII. Brevets expirés en 1820, tom. III, p. 144.

Poêle, nouvelle manière de les construire, par M. Debret, de Troyes, 1806. Brevets publiés, tom. IV, p. 15.

Poêles économiques de M. Bruines, de Paris, an X. Brevets publiés, tom. II, p. 146.

Idem. M. Vallois de Rouen. Brevets publiés, 1820, tom. IV, p. 82.

Poêles et cheminées de M. Curaudau, 1805. Brevets publiés, tom. III, p. 101. (1)

Repertory. (2)

Première série.

Expériences sur la chaleur, par Thomson, tom. IV, p. 30, 116, 162 et 329.

---

(1) On peut demander communication des brevets expirés, soit au Ministère de l'intérieur, soit au Conservatoire des arts et métiers, lorsqu'ils ne sont pas encore publiés dans le recueil destiné à les faire connaître.

(2) Le *Repertory* est un ouvrage périodique anglais qui comprend les descriptions, avec figures, des patentes délivrées en Angleterre, et d'une grande quantité de

Moyen de retirer du combustible le plus de chaleur possible, par Rumford, tom. **xv**, p. 248.

Chauffage avec l'air, patente de M. Grune, tom. **i**, p. 21.

Chauffage; patente de M. Hoyle, tom. **i**, p. 300.

Chauffage économique des maisons et des serres; patente de M. Henderson, tom. **xv**, p. 298.

Chauffage à la vapeur, par M. Rumford, tom. **xv**, p. 186 et 255.

Chauffage des bouilloires et autres vases; patente de M. Bowentrec, tom. **xiv**, p. 1.

Deuxième série.

Chauffage avec l'air; patente de M. Potts, tom. **xxviii**, p. 207.

Chauffage des appartemens avec l'air et la vapeur; patente de M. Houldsworth, tom. **xxvii**, p. 67.

Chauffage à la vapeur, par M. Snodgrass, tom. **xii**, p. 37.

Première série.

Moyen de régler le tirage des cheminées; patente de M. Crosbey, tom. **xii**, p. 73.

Grille de cheminée; patente de M. Collins, tom. **viii**, p. 361.

Deuxième série.

Cheminée perfectionnée, par MM. Charles et Peale, tom. **ii**, p. 436.

Cheminée qui n'exige pas la pratique ordinaire du ramoneur, tom. **iv**, p. 51.

---

machines. La 1re série, qui date de 1794, est composée de 16 volumes in-8°; la 2e a commencé en 1802, et continue toujours à paraître.

Moyen de ramoner les cheminées par machine, et d'éteindre le feu; patente de M. Davis, tom. ɪv, p. 90.

Construction et ramonage des cheminées; patente de M. Bell, tom. xɪɪ, p. 89.

Ramonage sans ramoneur, tom. ɪɪɪ, p. 322.

Appareil pour ramoner les cheminées, par M. Roberts, tom. xvɪɪɪ, p. 35.

Moyen d'empêcher les cheminées de fumer, par M. Piault, tom. ɪv, p. 371.

Même objet; patente de M. Pether, tom. v, p. 416.

Appareil contre la fumée; patente de M. Warren, t. xv, p. 137.

Méthode d'adapter un poêle aux foyers des cheminées; patente de M. Dood, tom. vɪɪɪ, p. 173.

Barre de fer pour les cheminées; patente de M. Bradley, tom. xɪɪ, p. 23.

Manteaux de cheminées, par M. Wilson, tom. xxvɪ, p. 229.

Garde-feu appliqué aux poêles et aux foyers; patente de M. Joweth, tom. vɪɪ, p. 16.

Première série.

Foyers économiques à garde-cendres; patente de M. Blundell, t. x, p. 84.

Foyers perfectionnés; patente de M. Burns, t. xɪɪ, p. 225.

Deuxième série.

Foyer domestique; patente de M. Frédéric, tom. xxvɪɪɪ, p. 65.

Dégagement de la fumée par la cheminée; patente de M. Caparn, t. xɪɪɪ, p. 157.

Première série.

Poêle à cuisine ; patente de M. Stratton, tom. 1, p. 289.

Deuxième série.

Poêle de M. Fule, t. 11, p. 331.

Poêles ; patente de M. Polleck, tom. xii, p. 179.

Poêle où l'on brûle du poussier de charbon; patente de M. Buddle, tom. xxv, p. 129.

Poêles et foyers; patente de M. Clerck, tom. xxv, p. 325.

Idem; patente de M. Cutter, t. xxviii, p. 203.

Grilles de poêle pour empêcher la fumée; patente de M. Juslié, tom. xxi, p. 265.

Annales des Arts et Manufactures. (1)

Première collection.

Moyen d'augmenter la chaleur produite par un combustible, tom. viii, p. 208.

Moyen de conserver la chaleur, par M. Ostman, tom. xlvi, p. 301.

Mémoire de M. Pajot-Descharmes sur les moyens d'employer le calorique perdu, tom. xlix, p. 5 et 184.

Chauffage à la vapeur, par le comte de Rumford, tom. vi, p. 194, et tom. xxx, p. 191.

---

(1) Cet ouvrage périodique avec gravures, est composé de deux collections; il est rédigé par M. O'Reilly, de l'Académie de Bologne, membre du Lycée des arts, etc., et J. N. Barbier-Vémars, membre de la Société d'Encouragement et de la Société académique des Sciences de Paris. La première collection commence en 1800, finit en 1805, et comprend 56 volumes. La seconde collection commence en juillet 1805: il en a paru un numéro chaque mois.

Même objet, tom. VIII, p. 267.

Même objet, par M. Tickelle, tom. XI, p. 186.

Appareil de M. Docker, pour faire bouillir une grande masse d'eau, tom. XXI, p. 311.

Chauffage par la houille, tom. XLVI, p. 286.

Ventilateur de M. Boswel, pour empêcher les cheminées de fumer, tom. III, p. 162.

Cheminée qui ne fume pas, tom. XVIII, p. 83.

Moyen d'empêcher les cheminées de fumer, tom. XX, p. 196.

Cheminée de M. Chenevix, tom. XXXI, p. 191.

Tuyaux en terre cuite pour cheminées, par M. Brullée, tom. XXXVI, p. 98.

Corrections faites aux cheminées à la Rumford, par M. Hesselat de Héré, tom. XXXVIII, p. 173.

Deuxième collection.

Rapport sur la cheminée en grotte, pour brûler de la houille, de M. de La Chabeaussière, tom. III, p. 182.

Première collection.

Calorifère salubre de M. Ollivier, tom. XXIV, p. 171.

Appareil pour conserver la fumée des machines à feu, par M. Gengembre, tom. XXXI, p. 307.

Poêle de M. Voyenne, tom. XV, p. 247.

Poêle fumivore ou phloscope de M. Thilorier, tom. II, p. 279.

Poêle de M. Curaudau, tom. XXXII, p. 171.

Avantages des poêles ventilateurs de M. Curaudau, tom. XXXVII, p. 308.

Poêle de M. Boreux, pour chauffer de grands ateliers, tom. XXI, p. 319.

Archives des Découvertes et Inventions. (1)

Expériences faites au Conservatoire des arts et métiers, sous divers appareils de chauffage, tom. ii, p. 345.

Emploi des poêles ventilateurs de M. Curaudau, pour chauffer les établissemens, tom. iii, p. 259.

Appareil de M. Gensoul, pour chauffer à la vapeur les bassins où l'on file les cocons, tom. i, p. 332.

Moyen de remédier aux vices de construction des cheminées, par M. Guyton-Morveau, tom. i, p. 296.

Cheminée construite par M. Mella, tom. iii, p. 253.

Cheminée économique à foyer mobile de M. Cutler, tom. ix, p. 320.

Cheminée en grotte de M. Lachabeaussière, tom. ix, p. 322.

Calorifère de M. Désarnod, tom. iii, p. 257.

Notice sur l'économie du combustible, tom. iii, p. 242.

Poêles et cheminées économiques de M. Ollivier, tom. i, p. 237.

Moyen de rafraîchir les appartemens, par Curaudau, tom. i, p. 237.

---

(1) Le 1er volume de cet ouvrage périodique a paru en 1800. Il en paraît un volume chaque année, qui traite des inventions nouvelles faites dans les sciences, les arts et les manufactures, tant en France qu'à l'Étranger. Il n'a pas de gravures.

Bulletin de la Société d'Encouragement.

Cheminées, Poêles, etc.

Les empêcher de fumer, par Piault; première année avec détail, folio 71 de la première édition, planche, folio 73 de la nouvelle édition de la première année, folio 158; plur. 144.

Mécanisme pour empêcher les cheminées de fumer, par Caunes; cinquième année, folio 90.

Appareil fumifuge de Désarnod; dix-septième année, folio 63.

Mîtres de cheminées, par Piault; deuxième année, folio 108, et 11 de la nouvelle édition de la deuxième année.

Mîtres de cheminées d'une pièce, par Fougerolles; septième année, folio 30, avec détail, folio 97; huitième année, folio 73; onzième année, folio 139.

Mîtres de cheminées préservatrices du refoulement de la fumée, par Gardet; neuvième année, folio 117 et 308.

Mîtres en tôle, par Gardet, folio 35 et 349 de la huitième année.

Nouveau coude en équerre pour les cheminées, par Désarnod; folio 55 de la seizième année.

Vices de la construction des cheminées, par Guyton-Morveau; folio 154, avec détail, de la sixième année.

Soupape à bascule pour les cheminées, par Descroisilles; folio 98 de la cinquième année.

Expérience sur les poêles, fourneaux et les cheminées de MM. Désarnod, Curaudau, Debret, Ollivier et Thilorier; cinquième année, folio 108, avec détail.

Tuyau de cheminées en terre cuite, folio 12 de la neuvième année, avec détail.

Appareil de ramonage des cheminées, par Georges Smarth; folio 32 de la dix-septième année, plur. folio 36 *id.*; importé par Cadet-Gassicourt; folio 70.

Cheminées de Rumford; folio 106, 107, de la deuxième année; folio 9 de la nouvelle édition de la deuxième année.

Cheminées de Curaudau; folio 37 de la quatrième année.

Cheminée économique de Debret; folio 300, avec détail.

Cheminée de Guidi; folio 304 de la cinquième année.

Cheminée économique de Chenevix; folio 46 de la huitième année; folio 34 de la neuvième année.

Cheminée de Mella; folio 343 de la huitième année; folio 34 de la neuvième année.

Cheminée de Bruynes; folio 212, avec détail, de la quinzième année; folio 68 de la seizième année.

Cheminée parabolique de M. de La Chabeaussière; folio 8 et 38 de la quinzième année, avec détail.

Cheminée combustible de Julien-le-Roy, folio 10 et 38.

Cheminée économique à foyer mobile de Cutter, avec des détails, folio 109, plur. folio 106.

Caminologie par Chavelin; folio 189 de la deuxième année, folio 14 de la nouvelle édition de la deuxième année.

Cheminée de M. Lhomond, 1825.

Poêle de M. Fortier, 1826.

Fumée.

Moyen d'en empêcher le refoulement dans les cheminées, par Caunes; folio 297 de la quatrième année, avec détail; folio 90 de la cinquième année.

Idem, par Piault; folio 297 de la quatrième année, avec détail.

Recherches à faire pour brûler la fumée dans les cheminées, folio 115 de la neuvième année.

Moyen de supprimer la fumée, par Darut; folio 107 de la quatorzième année.

Recueil des Machines approuvées par l'Académie. (1)

Moyen d'empêcher les cheminées de fumer, par M. de La Chaumette, tom. III, p. 47.

Cheminée de M. Lagny, tom. VII, p. 115.

Moyen d'empêcher de fumer, par M. Fargues, tom. I, p. 211.

Bibliothèque britannique, Sciences et Arts. (2)

Chauffage à la vapeur, par M. Neil-Snodgrass, tom. XXXVI, p. 180. — Même objet, tom. XLIII, p. 281, et tom. XLVI, p. 315.

---

(1) Cet ouvrage est composé de 7 volumes in-4°, les 6 premiers volumes ont paru en 1730 et le 7° en 1777.

(2) Cet ouvrage périodique, rédigé par une société de gens de lettres, a commencé en 1796. Il se compose d'extraits de différens ouvrages anglais, des Mémoires et Transactions des sociétés et académies de la Grande-Bretagne, d'Asie, d'Afrique et d'Amérique.

Cheminée du comte de Rumford, tom. III, p. 213 et 404.

Modèles au Conservatoire des arts et métiers.

Cheminée de feu Lesueur.

Cheminée qui ne fume pas, par M. Molard.

Cheminée avec moyen d'augmenter le tirage, par le même.

Cheminée en fer-blanc pour cuire les alimens.

Cheminée pour le charbon de terre en usage en Belgique.

Cheminée en fer pour le charbon de terre.

Cheminée en terre cuite, brevet de MM. Borgnis et Cotte.

Machine pour ramoner les cheminées.

Calorifère avec régulateur de feu, par M. Bonnemain.

Calorifère salubre de feu Ollivier.

Deux modèles de poêles russes.

Quatre modèles de poêles suédois.

Un poêle de Curaudau.

Un *id.* de M. Voyenne.

Un *id.* de M. Vallois.

Un *id.* rapporté de Cassel.

Un modèle de porte de poêle avec registre et grillage.

FIN.

TABLE DES MATIÈRES.

CHAPITRE IV.

CHAPITRE V.

CHAPITRE VI.

CHAPITRE VII.

CHAPITRE VIII.

CHAPITRE XIII.

APPENDICE.

FIN DE LA TABLE.

IMPRIMERIE DE CRAPELET,
rue de Vaugirard , n° 9.

Manuel du Poêlier-Fumiste. Pl. 1re

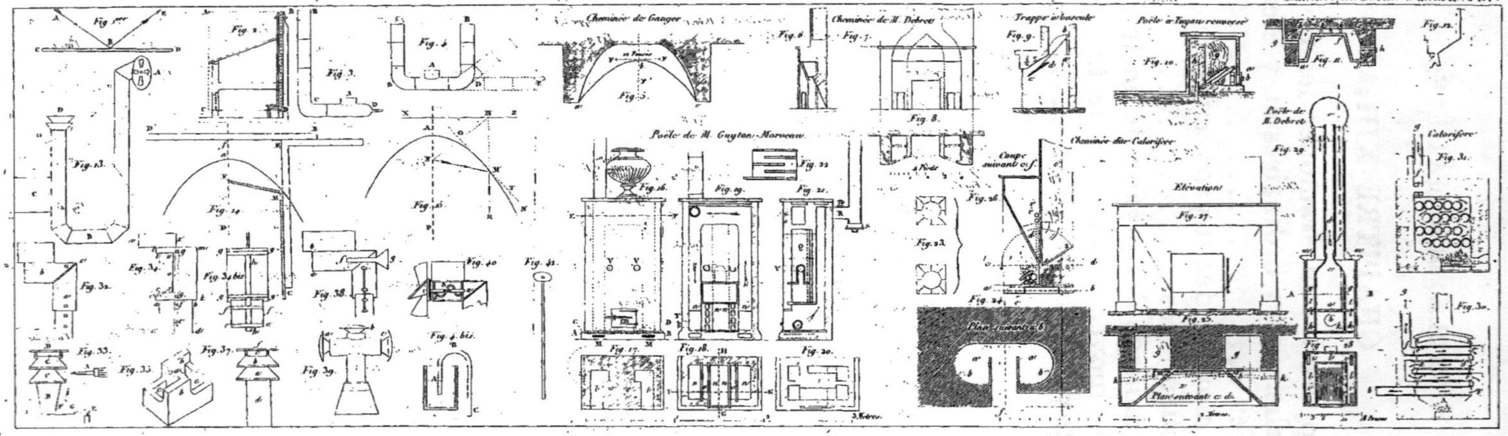

Fig. 7.

Fig. 8.

Fig. 9.

Fig. 12.

Fig. 13.

Fig. 14.

Fig. 10.

Fig. 11.

Fig. 6.

Fig. 5.

Fig. 4.

Fig. 3.

Fig. 2.

Fig. 1.

Echelle.

Bocquet sculp.

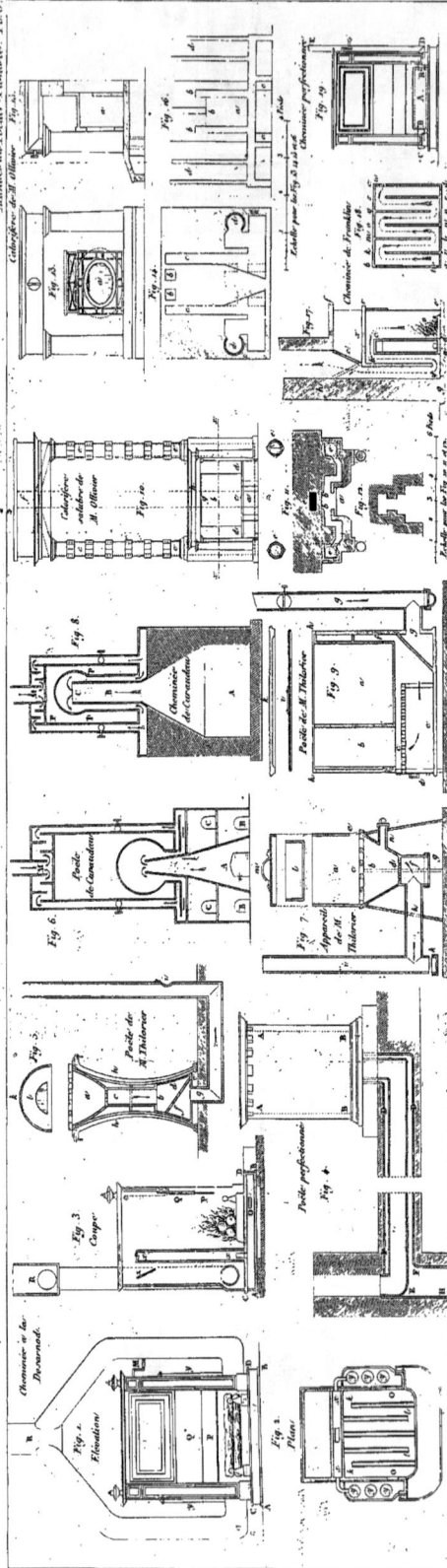

Calorifère de M. Ollivier.

Fig. 15.

Fig. 16.

Cheminée perfectionnée.
Fig. 19.

Échelle pour bois 0.1 à 10 c

Cheminée de Franklin.
Fig. 18.

Fig. 17.

Calorifère-cuisine de M. Ollivier.
Fig. 10.

Fig. 11.

Fig. 12.

Échelle pour Fig. 11 et 12.

Fig. 8.

Cheminée des Cornardeau.

Poêle de M. Thilorier.
Fig. 9.

Fig. 6.

Poêle des Cornardeau.

Fig. 7.
Appareil de M. Thilorier.

Fig. 5.

Poêle de M. Thilorier.

Poêle perfectionné.
Fig. 4.

Fig. 3.
Coupe.

Cheminée à la Desarnode.

Fig. 1.
Élévation.

Fig. 2.
Plans.

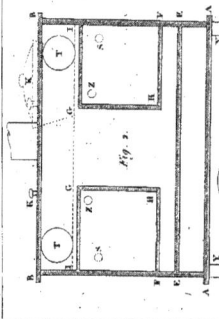

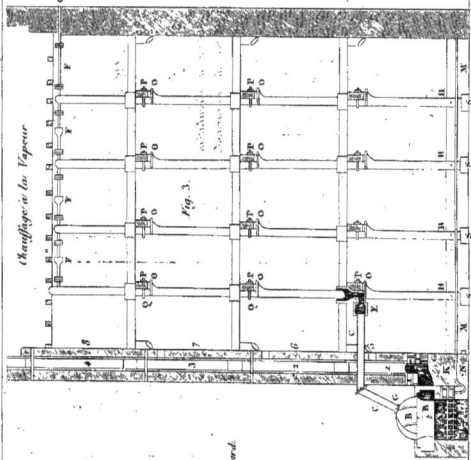

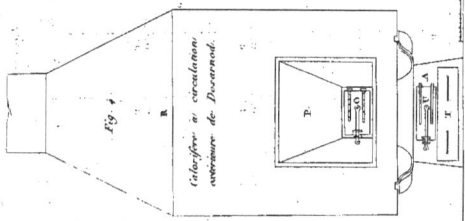

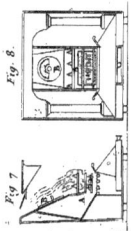

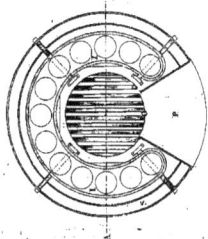

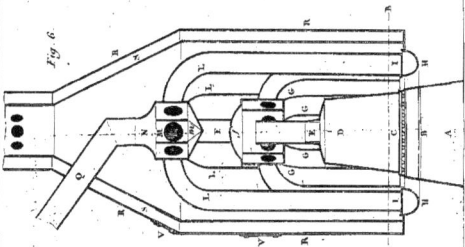

Fig. 6

Fig. 7

Fig. 8

Cheminée d'Atkins et Marriott

Fig. 5

Echelle du Calorifère

Fig. 4

Calorifère à circulation extérieure de Desarnod

Chauffage à la Vapeur

Fig. 3

Poêle économique de M. J. B. Renard

Fig. 1

Fig. 2

www.ingramcontent.com/pod-product-compliance
Lightning Source LLC
Chambersburg PA
CBHW060123200326
41518CB00008B/911